U0171028

# 基于完全匹配层的极低频电磁法三维正反演

雷 达 底青云 杨良勇 付长民 著

科学出版社

北京

# 内 容 简 介

在电磁法正演模拟中，模拟区域广泛使用的截断边界条件是采用大距离网格延拓之后设置强制 Dirichlet 边界，其优点是设置简单，缺点是延拓距离需要几倍趋肤深度，会消耗较多的计算机资源和时间。本书介绍了电磁场中完全匹配层的基本原理，为了提高完全匹配层对扩散场的截断效果，提出了宽频段完全匹配层公式，论述了电磁扩散场的改进完全匹配层技术在电磁场截断中的应用，以及人工源极低频电磁法反演和应用效果。

本书可供高等院校地球物理相关专业师生及科研单位技术人员参考使用。

**图书在版编目（CIP）数据**

基于完全匹配层的极低频电磁法三维正反演／雷达等著 . —北京：科学出版社，2023.11
ISBN 978-7-03-077055-4

Ⅰ．①基… Ⅱ．①雷… Ⅲ．①极长波传播–电磁法勘探 Ⅳ．①P631.3

中国国家版本馆 CIP 数据核字（2023）第 219664 号

责任编辑：韩 鹏 崔 妍／责任校对：何艳萍
责任印制：吴兆东／封面设计：图阅盛世

科 学 出 版 社 出版
北京东黄城根北街 16 号
邮政编码：100717
http://www.sciencep.com
天津市新科印刷有限公司印刷

科学出版社发行 各地新华书店经销
*
2023 年 11 月第 一 版 开本：720×1000 1/16
2024 年 6 月第二次印刷 印张：7 3/4 插页：4
字数：160 000
**定价：98.00 元**
（如有印装质量问题，我社负责调换）

# 前　　言

人工源极低频电磁法（wireless electromagnetic method，WEM）是一种新兴的电磁勘探方法，它利用近 100 km 的长天线和几百安培的交变电流产生电磁波辐射，可在数千公里范围内接收到该电磁波信号，实现资源探测和深部构造研究的目的。WEM 方法的特点符合深部资源探测的要求，可作为大探测深度物探方法，具有的抗强干扰的性能将会在深部资源勘查和远景调查中发挥重要作用。

在国家科技重大专项"大型油气田及煤层气开发"——"深层-超深层油气勘探地球物理技术"课题中，我们将极低频人工源电磁探测技术拓展到适于深层-超深层盆地构造探测，为深层-超深层地震偏移的速度建模与优质储层反演提供关键深部信息。

本书介绍了人工源极低频电磁法的基本原理，分析了与大地电磁法以及可控源音频大地电磁法的区别，并对人工源极低频电磁法的正演模拟以及反演算法开展了研究。本书的创新点为将传统适用于高频的完全匹配层扩展到低频电磁场领域，即提出了扩散电磁场中可行的完全匹配层公式，并将其应用到人工源极低频电磁法的正演和反演算法中。

在人工源极低频电磁法的正演中，为了克服场源的奇异性，本书采用一次场与二次场分离计算的方法。一次场可以采用 R 函数法计算或者开源软件 Dipole1D 计算。二次场采用三维矢量棱边基有限元法进行计算。将一次场与二次场相加，便得到电场总场，从而进一步求取阻抗、电阻率和相位等观测数据。对于模拟区域的截断，传统的方法是采用大小渐增的网格来延伸几倍的趋肤深度后，认为二次场已经衰减为零，从而在模拟区域外边界处设置 Dirichlet 边界条件。由于异常体引起的二次场可以看作是外行波，而完全匹配层技术可以让外行波无反射地透射入内并让其快速衰减殆尽。在本书中，根据完全匹配层稳定性吸收条件，提出了扩散场中的标准完全匹配层公式。并且为了提高完全匹配层对扩散场的截断效果，对标准的完全匹配层公式进行了改进。将完全匹配层公式应用到二次场模拟区域的截断当中，正演的视电阻率和相位与传统网格延拓方法的结果高度一致，通过三维模型的正演验证了正演算法的精确性，并且表明了完全匹配层的截断效果的可靠性，可以节省部分计算时间和内存。

对于人工源极低频电磁法的数据反演，本质上是目标函数的最优化过程。在反演模型建立中，同样采用了完全匹配层技术，并且在计算雅可比矩阵时考虑了完全匹配层对模型参数的偏导数。本书首先简要介绍了奥克姆（OCCAM）方法和拟牛顿法反演的基本原理，然后构建了两个理论合成数据，分别采用 OCCAM 方法和拟牛顿方法进行理论标量数据和张量数据的反演研究。模型的反演结果表明，OCCAM 方法具有对初始模型依赖较小，反演收敛速度快等优点，但是其需要较大的内存用于完整的雅可比矩阵计算，而且需要大量的正演运算。OCCAM 方法中不同测点的正演计算是完全独立的，所以 OCCAM 反演中正演计算可采用 CPU 多核计算，可以提高 OCCAM 方法反演的计算速度。拟牛顿（BFGS）反演方法因不需要完整的雅可比矩阵计算，具有占用内存小，每次迭代计算速度快的优点，但是拟牛顿 BFGS 方法比较依赖初始模型，后期收敛速度较慢，通常需要迭代百次以上才能达到理想的效果。从理论数据的反演结果分析，OCCAM 法对异常体的水平和垂向轮廓的分辨能力更高，拟牛顿法反演效果相对差一些。张量观测数据的反演效果要优于标量数据反演，但是张量数据反演更加耗时。综合对比反演效果，随着今后计算机的运算能力提高，对于人工源极低频电磁法的野外数据反演推荐使用张量 OCCAM 反演方法。在结合课题研究对川东明月峡实测WEM 和 MT 数据的完全匹配层三维正反演，反演解释结果与已知资料吻合较好，并揭示 9.3km 超深处震旦系地层的隆起形态，为该地区的超深层油气勘查指明了方向。

　　本书的研究内容得到了国家科技重大专项"大型油气田及煤层气开发"——"深层-超深层油气勘探地球物理技术"课题（2017ZX05008-007）经费资助。对此表示衷心感谢。

# 目　　录

# 第1章　引　言

## 1.1　背　景

人工源极低频电磁法（wireless electromagnetic method，WEM）是一种新兴的电磁勘探方法，它利用近 100 km 的长天线，通过几百安培的交变电流产生电磁波辐射，进而可在数千公里范围内接收到该电磁波信号，实现资源探测和研究深部构造的目的。WEM 结合了传统的大地电磁法（magnetotellurics，MT）与可控源音频大地电磁法（controlled source audio-frequency magnetotellurics，CSAMT）的优点，具有工作区域广、信噪比高、抗干扰能力强、装备轻便、探测深度大等优点（底青云等，2019）。

传统的大地电磁法（Cagniard，1953；Tikhonov，1950）具有勘探深度大、成本低、适用范围广等优点，得到了快速的发展和广泛的应用。但是，天然电磁场信号具有随机性，MT 接收到的电磁信号往往很弱，容易受到外界干扰，而且 MT 深部探测精度不高（Simpson and Bahr，2005）。可控源音频大地电磁法（CSAMT）是基于 MT 发展而来的人工源电磁测深方法（Xue et al.，2015；雷达，2010；底青云和王若，2008；王若和王妙月，2003；Goldstein and Strangway，1975），它采用小型发射机（通常小于 30 kW）输出交变电流，在地下产生电磁波信号，从而 CSAMT 的信号强度要强于 MT 的天然电磁信号。CSAMT 方法具有信噪比高，抗干扰能力强和探测精度高等优点。但是，CSAMT 方法也存在一些缺点，例如发射源-接收点偏移距较小，探测深度较浅以及近区数据难以利用（Michael et al.，2005；Yan and Fu，2004）。科学家们提出的人工源极低频电磁法，克服了这些问题，且结合了 MT 探测深度大和 CSAMT 抗干扰能力大的优点。它具有一个类似于 CSAMT 中的大功率长发射天线，该天线可以发射频率为 $0.1 \sim 300$ Hz 的极低频（extremely low frequency，ELF）电磁波（Simpson and Taflove，2004）。通常，极低频信号频段定义约为 $3 \sim 30$ Hz（赵国泽等，2015），但对于 $0.1 \sim 300$ Hz 的频带，我们仍然将其称为极低频电磁波。由于存在由电离层和地球表面形成的"地球-电离层"波导模式，我们可以在中国境内乃至亚洲范围内观测到该人工源信号（李帝铨等，2011）。

研究表明，在"地球-电离层"模式下，模拟距离发射源数千公里处的电磁场信号，发现该处信噪比仍然大于 10 ~ 20 dB，表明这种固定的大功率发射源的新型电磁勘探方法在理论上是可行的（Kirillov，1996；Chang and Wait，1974）。20 世纪 70 年代，美国和苏联相继建立起了 ELF 电磁波发射站（Paterson and Ronka，1971）。尤其是苏联科学家利用科拉半岛上的一个发射站发射了 ELF 电磁波，并成功地在数千公里外接收到了该电磁信号（Velikhov et al.，1998）。这些试验验证了 ELF 电磁波发射理论和传播理论的正确性，并为地球物理勘探奠定了坚实的基础（Bashkuev and Khaptanov，2001）。在世纪之交，我国在华中地区建立了固定的大功率 ELF 电磁波发射天线，由中国船舶集团第七研究院联合中国船舶集团第七二二研究所、中国地震局地质研究所和中国科学院地质与地球物理研究所开展了"极低频探地工程"项目研究，拉开了我国极低频电磁法研究的序幕（卓贤军和赵国泽，2004；赵国泽等，2003）。底青云等（2009）利用三维全空间积分方程准线性解模拟了包含电离层、大气层和地球介质层的"地-电离层"模式下典型异常目标体多层介质模型，得到了偶极源长度 100km、电流 200A、收发距离远达 1600km 的异常电性目标体的电阻率-频率响应结果。陈小斌和赵国泽（2009）讨论了关于人工源极低频电磁波发射源的均匀空间交流点电流源的解。赵国泽等（2010）提出了利用人工源极低频电磁技术可以在 1700 km 之外测量到人工源电磁场信号，计算得到的电、磁场功率谱密度和视电阻率与天然源信号相比，抗干扰能力更强，观测信号更稳定，特别有利于识别和捕捉地震等诱发的电磁异常现象，在地震预测监测中具有很大的研究应用潜力。李帝铨等（2010）采用 R 函数法进行"地-电离层"模式水平电缆接地偶极源的电磁波场强公式推导，同时考虑电离层和空气中位移电流的影响，进行了 WEM 的数值计算。付长民等（2010）提出了可用于 WEM 正演计算的层矩阵法，采取了源置于层间的模型进行公式的推导，理论上可以计算任意层状介质中任意位置的任意场源在空间中任意位置产生的场强，可适用于多种电磁法的正演模拟计算。2020 年 1 月，由多位院士、专家组成的国家验收委员会对极低频探地工程项目进行了全面考查，认为极低频探地工程技术成果原创性强，整体技术性能处于国际领先水平。

## 1.2　频域电磁法正演研究现状

人工源极低频电磁法（WEM）的正演模拟中需要考虑到空气层、电离层和地球层，且发射源长度较大，所以与传统的极低频通信和电磁勘探方法的正演略微不同。无线电通信领域主要研究的是 ELF 电磁波在"地球-电离层"波导中的传播，仅考虑地球表面上方的区域，即空气层和电离层（Cummer，2000）。在天然场源的大地电磁中，无须设置人工偶极子源，通常假设平面波垂直地面向下入射即可。在可控源音频大地电磁中，由于发射源与观测点的距离通常小于25 km，因此无须考虑电离层的影响。但是在 WEM 中，发射电流源的长度和电离层的高度相当，并且发射源与观测点的距离可达数千公里。因此，WEM 方法的正演模拟与之前方法的模拟稍有区别，需要考虑到地球层、空气层和电离层之间的耦合（Li et al.，2015）。

目前，频域电磁勘探方法的三维数值仿真方法主要包括积分方程法（Fang et al.，2006，汤井田等，2018）、有限差分法（谭捍东等，2003）和有限单元法（Jin，2015）。许诚（2012）和李萌（2016）采用积分方程法开展了 WEM 全国范围内的场强分布特性研究以及进行了不同模型的正演响应研究。曹萌（2016）使用三维交错网格有限差分法进行了 WEM 的模拟，并对正演求解过程中散度校正频率的选取做了部分探讨。欧阳涛（2019）研究了极低频电磁法多重网格准线性近似三维正演与偏移成像研究，通过对不同模型的数值试验说明偏移能够有效的反映异常体的位置以及电阻率值，是一个可靠的电磁解释方法。杨良勇等（2020b）采用了三维棱边基有限元进行了 WEM 响应的正演研究，并与 MT 的响应进行了一些比较。对于有限元方法，自适应网格正演逐渐成为热点。Li 和 Pek（2008）提出了一种自适应非结构化网格的有限元程序，提高了二维各向异性电导率结构的大地电磁正演数值解的质量。Ren 等（2013）开发出了一种新颖的面向目标的自适应网格细化方法，采用有限元方法基于电场微分方程对三维地球模型中的平面波电磁场进行正演。

在频率勘探电磁法模拟中，模拟区域的电磁场计算主要包括总场法（Han et al.，2018）和二次场法（Wannamaker et al.，1987）。无论采取总场法还是二次场法，由于计算机的计算能力有限，都需要对模拟区域进行截断，只能模拟有限区域内的电磁场值。在频率电磁勘探方法中，对于外边界的处理通常是在延拓几倍趋肤深度后（Farquharson and Miensopust，2011），认为异常体引起的二次场已经衰减为0，从而设置狄利克雷（Dirichlet）边界条件或诺伊曼（Neumann）边界条件（Xiao et al.，2018）。但是此方式需要延拓距离足够远，而且针对于较宽的频率范围，延伸的网格大小需要缓慢增长，故需要延拓的网格数目较多，需要较大的计算量以及消耗较多的计算时间。近些年来，开始有学者尝试将完全匹配层技术应用到电磁勘探方法的模拟区域边界截断当中。

完全匹配层（perfectly matched layer，PML）是一种高效的模拟区域截断技术，已广泛应用于时域电磁波的模拟中。通过在模拟区域外围加载数层 PML，使得模拟区域内的外行波无反射地进入 PML 中，并快速衰减完。由于 PML 的阻抗与模拟区域阻抗相等，所以在界面处不会产生反射，故称为完全匹配层。PML 的概念最初是由 Berenger（1994）基于分裂场理论提出，可用于真空介质的截断。Sacks 等（1995）和 Gedney（1996）提出了基于单轴各向异性介质的 PML，称为单轴各向异性完全匹配层（uniaxial anisotropic perfectly matched layer，UPML）。UPML 不需要分裂电磁场，具有实际的物理意义，能够截断有耗介质。Chew 和 Weedon（1994）基于复数坐标拉伸的改进麦克斯韦（Maxwell）方程提出了三维完全匹配层，改进后的 Maxwell 方程组增加了自由度，可以在所有入射角和所有频率下达到零反射。Kuzuoglu 和 Mittra（1996）提出了复频移完全匹配层（CFS-PML），张量本构参数满足了 Kramers-Kronig 关系，符合因果律。Roden 和 Gedney（2000）提出了一种基于 CFS-PML 的时域离散方案，使用到了卷积技术，通常称为卷积完全匹配层（convolutional perfectly matched layer，CPML），该方法易于实现并且具有很高的计算效率。与 UPML 相比，CFS-PML 对倏逝波具有更强的吸收能力（Correia and Jin，2005；Berenger，2002）。在低频带中，CFS-PML 将退化为实数坐标拉伸，不再具有吸收能力（Wrenger，2002）。所以在低频段，CFS-PML 等价于传统的网格大小逐增的延伸方法，因此 CFS-PML 在低频扩散场上仍然具有可接受的性能。

在频域勘探电磁法领域中，PML 技术已广泛应用于探地雷达等高频波动方程的模拟区域截断当中。Gurel 和 Oguz（2001）、Uduwawala 等（2005）将 UPML 应用于有耗介质的探地雷达模拟中。Irving 和 Knight（2006）开源了二维探地雷达时域有限差分正演代码，并采用 CPML 作为模拟区域截断边界。冯德山等（2016）比较了 UPML 和 CPML 在探地雷达模拟中对倏逝波的吸收效果。对于 PML 在低频扩散场的模拟区域截断应用得相对不多。在时域上，de la Kethulle de Ryhove 和 Mittet（2014）开发了海洋大地电磁法的时域有限差分模拟，将麦克斯韦方程组根据波场和扩散场的对应原理在伪波域进行求解，并采用 CFS-PML 作为吸收边界条件。Hu 等（2017）在瞬变电磁模拟中使用了伪波域方法以及将 CFS-PML 边界条件吸收边界条件。Feng 等（2018）基于三维 Crank-Nicolson 时域有限差分模拟低频地下探测方法并用 CFS-PML 作为吸收边界条件。Lu 等（2019）将 CFS-PML 应用于海洋可控源电磁数据的高阶伪波域仿真。在频域上，薛帅等（2017）将大地电磁场的计算分解为一次场和二次场，并引入 UPML 作为二次场边界条件，实现了耦合 PML 吸收边界条件的三维大地电磁二次场有限差分正演模拟。Li 和 Han（2017）、Li 等（2018）将 CFS-PML 分别应用于 2.5D 和 3D 海洋可控源电磁模拟当中，取得了不错的效果。

需要指出的是，在扩散场时域仿真中，在正常的扩散域内 CFS-PML 是不可行的，但是在伪波域，CFS-PML 是可行的。这是因为将时域扩散场转化到伪波域后，控制方程具有波动方程形式，故可使用 UPML 或 CFS-PML。而在频域扩散场内，扩散方程与波动方程具有完全不同的频率依赖关系。在扩散场中，由于位移电流远小于扩散电流，CFS-PML 会在低频时从复数坐标拉伸退化为实数坐标拉伸。在常见的 MT、CSAMT 和 WEM 中，应用 CFS-PML 等价于应用传统的网格逐渐延伸。但是，PML 方法中 PML 的单元数量往往较少，等效出的网格延伸很难在宽频带上实现良好的性能。而原始的 Berenger PML 仅适用于截断真空介质，UPML 在低频时由于吸收能力过大而会引起巨大的数值反射（Wrenger，2002）。所以，针对于波动场提出或者演变的 PML 公式对于低频电磁勘探方法的扩散场截断效果不太理想，因此本书提出了针对扩散场和波动场的全频带 PML 公式，并将该公式在扩散场中进行进一步简化和提升（Yang et al.，2020a）。在本书中，我们将使用扩散场的 PML 公式应用于 WEM 的模拟。

## 1.3　频域电磁法反演研究现状

WEM 的反演与传统的 MT 和 CSAMT 反演大致相似，都为目标函数的最优化问题。电磁数据的三维反演中，常见的最优化方法有 OCCAM 方法、非线性共轭梯度法（nonlinear conjugate gradient，NLCG）和拟牛顿法（quasi-Newton，QN）等。目前，最优化方法的进步主要源于数学领域，在三维电磁反演中没有取得突破性进展（殷长春等，2020）。

反演算法中 OCCAM 算法受初始模型影响较小、收敛稳定迅速等优点得到了广泛的应用（康敏等，2017）。Constable 等（1987）率先将 OCCAM 反演理论应用到大地电磁一维反演中。deGroot-Hedlin 和 Constable（1990）则将 OCCAM 反演扩展到二维。吴小平和徐果明（1998）采用了拉格朗日乘子在一定步长下逐渐递减的方法，每次迭代中只需一次正演，极大地提高了计算速度。Siripunvaraporn 和 Egbert（2000）针对模型空间雅可比矩阵非常耗时的问题，提出了数据空间的雅可比矩阵计算，大大提高了 OCCAM 反演的效率。陈小斌等（2005）提出了自适应正则化反演算法，具有较快的计算速度，适合于高维反演。曹萌（2016）在综合对比常用的反演方法后，采用了 OCCAM 方法进行了 WEM 的三维张量数据反演，获得了较高精度的结果。曹萌指出，从数学的角度上看，OCCAM 反演是高斯–牛顿反演的变种；从电磁数据反演的角度而言，OCCAM 反演结果提供了能够拟合观测数据的最简单模型，它可以作为所有能够拟合观测数据模型集合的下限。OCCAM 方法的缺点是需要雅可比矩阵的显式计算，所以 OCCAM 方法计算量较大，占用内存也大，计算效率不高，虽然 OCCAM 方法的不同测点的拟正演可以进行并行计算，但是其占用内存和运算速度依然不可小觑。

非线性共轭梯度反演方法由于不需直接计算雅可比矩阵而受到广泛青睐。Rodi（2001）将非线性共轭梯度法引入到大地电磁反演中，迭代过程中无须计算雅可比矩阵，只需计算雅可比矩阵的转置与向量的乘积即可。非线性共轭梯度法的搜索方向综合了共轭梯度方向和梯度方向，在每次迭代过程中需要搜索步长。Mackie 和 Madden（1993）开发了一种使用共轭梯度松弛方法的反演程序，并将其应用于大地电磁合成数据的反演中。Newman 和 Alumbaugh（2000）利用非线性共轭梯度法进行大地电磁的三维反演，通过简单的线搜索、预处理以及并行等手段提高了反演效率。胡祖志等（2006）提出了非线性共轭梯度法大地电磁拟三维反演，在很大程度上节省了计算时间，并且理论模型和实际资料的反演试算结果表明大地电磁拟三维反演法具有一定的实用价值。林昌洪等（2012）、翁爱华等（2012）将非线性共轭梯度法应用于有限长度电偶源激发下的可控源音频大地电磁法的全区数据三维反演，验证了可控源音频大地电磁三维共轭梯度反演算法的有效性和稳定性。NLCG 反演受初始模型影响较大，迭代过程中需要搜索最佳步长，且迭代次数较多，其优点是占用计算资源较小（Kelbert et al., 2008）。

在电磁勘探方法中，另一种常见的反演方法是拟牛顿法（Avdeev and Avdeeva, 2009）。拟牛顿法中不需要像牛顿法一样计算海森矩阵，而是采用近似的海森矩阵，近似的海森矩阵可以通过模型差和梯度差迭代得到。拟牛顿法常用 DFP 和 BFGS 两种海森矩阵修正方式，在电磁法反演中 BFGS 方法居多。拟牛顿法反演迭代中，无须直接计算雅可比矩阵，也只需计算雅可比矩阵转置与向量的乘积即可。拟牛顿方法的搜索向量与牛顿法接近，在绝大多数情况下，步长为 1 即可满足要求，相较 NLCG 的步长搜索节省了部分计算量。秦策等（2017）在基于二次场方法的三维大地电磁正演基础上，实现了有限内存的 BFGS 三维反演，并采用了基于 MPI 的分频并行策略对程序进行了并行化，可达到接近线性加速比。曹萌等（2016）采用了有限内存 BFGS 方法进行了三维 WEM 数据反演，认为与常规标量数据反演相比，张量数据反演在异常体的恢复和背景电阻率的控制方面具有明显的优势。

近年来，电法勘探中全局优化方法也逐渐热门起来。高明亮等（2016）将免疫遗传算法应用到高密度电阻率法的反演中，认为其具有很好的应用前景。Jiang 等（2016）采用了剪枝贝叶斯神经网络进行了电阻率法的成像，取得了较好的效果。王鹤等（2018）将遗传神经网络应用到二维大地电磁的反演中，并与最小二乘正则化方法对比，验证了遗传神经网络在大地电磁反演中的可行性和有效性。许滔滔（2020）将卷积神经网格成功地应用到了大地电磁数据的反演中，能够利用训练好的网络模型实现快速高精度的反演。刘卫强等（2020）对用于大地电磁法反演的样本压缩神经网络算法和用于边界划分的自适应聚类分析算法进行了改进，表明该方法可以提高大地电磁反演成像的效率和自动化程度。

随着计算机的计算能力提高，三维张量数据观测和反演成为趋势。Philip E. Wannamaker（1997）在新墨西哥州的地热地区，进行了大量的张量 CSAMT 数据采集，采用两个交叉的发射偶极子，在发射源以北约 13km 处进行数据采集，得到了较好的地质构造解释。雷达等（2014）通过理论分析和安徽矿区 CSAMT 实测试验，通过与标量 CSAMT 对比，认为张量 CSAMT 可利用阻抗分解技术能够有效地分析地质结构等信息，有助于复杂构造勘查。王显祥等（2014）指出张量测量明显要优于标量测量，标量测量一般只适应于一维情况，当地质结构呈现二维或三维特性时，标量测量结果很有可能给反演结果带来误差。王堃鹏（2017）对比了张量 CSAMT 三维 NLCG 和拟牛顿 LBFGS 反演，并证明了张量 CSAMT 的分辨能力与可靠性高于标量 CSAMT。所以在三维电磁勘探方法中，张量数据观测和反演相比标量反演对地质构造恢复更有优势。

# 第2章　电磁扩散场的改进完全匹配层

在水下电磁通信、地球物理电磁勘探等领域中，介质中的传导电流远大于位移电流。在这种情况下，电磁波遵循扩散场方程。对于扩散场的模拟区域截断，传统的以位移流为主的介质中波动方程的完全匹配层是不适用的。本章提出了一种新的扩散场的完全匹配层，并给出了它的参数形式，它与传统的完全匹配层形成完全不同。参数形式与介质的频率和电导率有关，适用于较宽频带和电导率范围较大的介质。本章还介绍了特征参数的空间分布及最优特征参数的求解方法。通过与传统方法或解析解的比较，对一、二、三维辐射或散射问题进行了数值实验，验证了完全匹配层的有效性和精度。通过对不同模型的截断性能分析，表明所提出的完全匹配层是稳定的，可以为扩散场提供良好的截断性能。

## 2.1　完全匹配层介绍

对于开放区域问题，完全匹配层（perfectly matched layer，PML）是一种非常有效的网格截断边界，在过去的20年中被广泛应用于多个研究领域。PML最初是由Berenger（1994）基于分裂场理论提出的。Sacks等（1995）和Gedney（1996）利用未分裂场理论推导出基于单轴各向异性介质的PML，称为单轴PML（UPML），为其提供了强大的物理基础。UPML对传播波有良好的吸收能力，适用于有耗介质。Chew和Weedon（1994）从修正的麦克斯韦方程组中提出了一个具有拉伸坐标的三维完全匹配介质。Kuzuoglu和Mittra（1996）提出了复频移的PML（CFS-PML），将PML作为因果关系，Roden和Gedney（2000）提出了有效的时域有限差分（finitedifference time domatin，FDTD）离散化方法。CFS-PML在低频时具有真实的坐标拉伸效应，这对吸收消逝波具有很大的优势。文献（Chevalier and Inan，2004；Correia and Jin，2005）中引入了一种高阶完全匹配层，它对传播波和消逝波的吸收性能都有所提高。PML边界最初应用于频率域的问题，后来被引入到时间域。在辐射和散射问题中得到了广泛的应用。

在水下电磁通信（Al-Shamma'a et al.，2004）、地球物理电磁勘探（Li and Pek，2008）等领域中，传导电流远大于位移电流。例如，在微波波段中电导率大于0.02 S/m的介质是常见的有损介质。在电导率相同的$1 \sim 10^5$ Hz频段，此时$\sigma \gg \omega \varepsilon$，说明传导电流占主导地位，位移电流可以忽略不计。因此，这些介质可以被认为是良导体。因此，由波动方程产生的麦克斯韦方程组就变成了扩散方程（Xu and Janaswamy，2008）。与波动方程相比，扩散方程与频率的关系完全不同。

　　UPML 在扩散场中具有很强的吸收能力，这将产生巨大的数值反射（Berenger，2002）。因此，很少有人将其应用于扩散场的截断。对于 CFS-PML，已有文献（Li，2018）将其应用于频域扩散场的截断，表明 CFS-PML 比传统的 Dirichlet 边界更能有效地建模扩散场，节省计算资源。在时域上，CFS-PML 在扩散场建模中也得到了应用。Feng 等（2018）将 Crank-Nicolson FDTD 方法应用于低频地下传感，并采用 CFS-PML 作为吸收边界。Hu 等（2017）采用 CFS-PML 边界条件，利用虚拟波域法进行瞬变电磁模拟。对于 CFS-PML，在低频（Berenger，2002）处将退化为实坐标拉伸，相当于目前广泛使用的网格扩展方法，因此 CFS-PML 在低频扩散场上具有较好的性能。然而，CFS-PML 对扩散场的性能取决于模型的电导率和关注的频段，当改变模型的电导率或频率时，需要相应地调整 PML 参数。

　　受 Rylander 和 Jin（2004）的启发，我们提出了一个 PML 公式来解决扩散场的网格截断问题。介绍了电磁场中 PML 的基本原理，提出了适用于高频波场和低频扩散场的宽频段 PML。然后，我们在低频极限处简化该 PML，得到扩散场的标准 PML。在这个标准的 PML 上，我们做了一些修改，使得在频域中截断扩散场的性能有了显著的提高，并考虑了扩散场的代表性辐射和散射问题，以测试所提出的 PML 的截断性能；将数值模拟结果与解析解或传统的网格扩展方法进行了比较，验证了所提出的 PML 的有效性和准确性；对 PML 特征参数的空间分级和最优值选择进行了详细的研究。此外，本章还对所提出的 PML 的应用得出了一些重要的结论。

## 2.2　标准完全匹配层

　　假设时谐因子为 $e^{j\omega t}$，则有耗介质中的麦克斯韦方程组为

$$\nabla \times \boldsymbol{E} = -j\omega\mu\boldsymbol{H} \tag{2.1}$$

$$\nabla \times \boldsymbol{H} = j\omega\varepsilon_0\varepsilon_r\boldsymbol{E} + \sigma\boldsymbol{E} + \boldsymbol{J}_s \tag{2.2}$$

式中，$\boldsymbol{E}$ 为电场，$\boldsymbol{H}$ 为磁场，$\omega$ 为角频率，$\boldsymbol{J}_s$ 为外加电流，$j = \sqrt{-1}$，$\varepsilon_0$ 为真空中的介电常数，$\varepsilon_r$ 为介质中的相对介电常数，且 $\varepsilon = \varepsilon_0\varepsilon_r$，$\sigma$ 为电导率，$\mu$ 为磁导率。由于大多数介质的磁导率差异很小，故本研究假设 $\mu$ 等于真空中的磁导率 $\mu_0$。$j\omega\varepsilon_0\varepsilon_r\boldsymbol{E}$ 为位移电流，$\sigma\boldsymbol{E}$ 为传导电流。对于同一介质，位移电流在高频处占优势，传导电流在低频处占优势。如果传导电流远大于位移电流，麦克斯韦方程组可简化为

$$\nabla \times \boldsymbol{E} = -j\omega\mu_0 \boldsymbol{H} \tag{2.3}$$

$$\nabla \times \boldsymbol{H} = \sigma \boldsymbol{E} + \boldsymbol{J}_s \tag{2.4}$$

在这种情况下，电磁场被认为是扩散场，此时 $k^2 = -j\omega\mu_0\sigma$，波数为

$$k = \sqrt{-jw\mu_0\sigma} = \sqrt{\frac{\omega\mu_0\sigma}{2}} - j\sqrt{\frac{\omega\mu_0\sigma}{2}} \tag{2.5}$$

从公式（2.3）和（2.4），得到扩散场的电场方程为

$$\nabla \times \nabla \times \boldsymbol{E} - (-j\omega\mu_0\sigma)\boldsymbol{E} = -j\omega\mu_0 \boldsymbol{J}_s \tag{2.6}$$

而波场的电场方程为

$$\nabla \times \nabla \times \boldsymbol{E} - \omega^2\mu_0\varepsilon_0\varepsilon_r \boldsymbol{E} = -j\omega\mu_0 \boldsymbol{J}_s \tag{2.7}$$

因此，波场和扩散场的方程是不同的，它们在频率和不同波数上有着不同的关系。

UPML 在电磁场的网格截断中得到了广泛的应用，在此仅对其原理作简要介绍。在 $x-z$ 平面中，假设在 $z=0$ 处各向同性介质与单轴各向异性介质之间存在界面。在 $z<0$ 区为同性介质，在 $z>0$ 区为单轴各向异性介质。介质的磁导率为 $\mu_0$，介电常数为 $\varepsilon$，电导率为 $\sigma$。各向异性介质的磁导率、介电常数和电导率分别为 $\mu_0 \cdot \boldsymbol{\Lambda}$、$\varepsilon \cdot \boldsymbol{\Lambda}$ 和 $\sigma \cdot \boldsymbol{\Lambda}$，$\boldsymbol{\Lambda}$ 为张量。证明了各向异性介质为单轴各向异性时，$\boldsymbol{\Lambda}$ 的形式为

$$\boldsymbol{\Lambda} = \begin{bmatrix} s_z & 0 & 0 \\ 0 & s_z & 0 \\ 0 & 0 & s_z^{-1} \end{bmatrix} \tag{2.8}$$

其中 $s_z$ 为复数，从主介质入射的任意偏振方向的平面波将穿透各向异性介质而没有反射（Gedney, 2005）。因此，这种单轴各向异性介质可称为完全匹配层。张量 $\boldsymbol{\Lambda}$ 可以看作是各向异性介质的相对本构参数矩阵。这种非反射条件与入射波的频率、入射角和偏振无关。更多的推导细节可以在文献（Gedney, 1996a; Gedney, 1996）中找到。虽然它是由波动方程导出的，但它也适用于扩散场。

以 TM 模式的偏振平面波为例。入射波在主介质中的磁场 B 表示为

$$\boldsymbol{H}_i = \boldsymbol{e}_y H_0 \exp(-j(k_{ix}x + k_{iz}z)) \tag{2.9}$$

式中，$H_0$ 为入射磁场的大小，$k_{ix}$ 为入射波在 $x$ 方向的波数，$k_{iz}$ 为入射波在 $z$ 方向的波数，且 $\boldsymbol{k}_i = \boldsymbol{e}_x k_{ix} + \boldsymbol{e}_z k_{iz}$。根据相位匹配原理，PML 介质中透射波的横波数与入射波的横波数相等，因此将透射波在 x 方向的波数记为 k_{ix}。可将透射波在 z 方向的波数记为 k_{tz}，根据 PML 的非反射条件，得到：

$$k_{tz} = k_{iz}s_z \tag{2.10}$$

结合反射系数为 0，透射系数为 1，则 PML 介质中透射波的磁场 $\boldsymbol{H}_t$ 为

$$\boldsymbol{H}_t = \boldsymbol{e}_y H_1 \exp(-j(k_{ix}x + k_{iz}s_z z)) \tag{2.11}$$

式中，$H_1$ 为介质与 PML 界面上的磁场。

理论上，非反射条件对 $s_w$ 的选择没有要求（其中 $w=x$，$y$，$z$）。然而，PML 的目的是允许电磁波不反射地进入，并在有限的 PML 长度内将透射波衰减到 0。因此，选择 $s_w$ 至关重要。从公式（2.1）和（2.2），我们有

$$\nabla\times\left(\frac{1}{\mu_0}\nabla\times E\right)-\omega^2\varepsilon_0\varepsilon_r\,E+j\omega\sigma E=-j\omega J_s \tag{2.12}$$

将（2.12）写成

$$\nabla\times\left(\frac{1}{\mu_0}\nabla\times E\right)+\left(-\omega^2\varepsilon_r+j\omega\frac{\sigma}{\varepsilon_0}\right)\varepsilon_0 E=-j\omega\,J_s \tag{2.13}$$

设

$$\delta^2=-\omega^2\varepsilon_r+j\omega\frac{\sigma}{\varepsilon_0} \tag{2.14}$$

然后，可得

$$\delta=\frac{\sqrt{2}}{2}\omega\sqrt{\varepsilon_r}\left(\sqrt{\sqrt{1+\left(\frac{\sigma}{\omega\varepsilon_0\varepsilon_r}\right)^2}-1}+j\cdot\sqrt{\sqrt{1+\left(\frac{\sigma}{\omega\varepsilon_0\varepsilon_r}\right)^2}+1}\right) \tag{2.15}$$

根据文献（Rylander and Jin, 2004），PML 可以定义为

$$s_w=1+\frac{\sigma_w}{\delta\varepsilon_0} \tag{2.16}$$

其中 $\sigma_w$ 的定义与传统 UPML 中的定义相同。将公式（2.15）代入公式（2.16）就得到

$$s_w=1+\frac{\sqrt{2}\,\sigma_w}{\omega\varepsilon_0\sqrt{\varepsilon_r}\left(\sqrt{\sqrt{1+\left(\frac{\sigma}{\omega\varepsilon_0\varepsilon_r}\right)^2}-1}+j\cdot\sqrt{\sqrt{1+\left(\frac{\sigma}{\omega\varepsilon_0\varepsilon_r}\right)^2}+1}\right)} \tag{2.17}$$

在有损介质中，根据公式（2.13），波数可表示为

$$k=k'-jk'' \tag{2.18}$$

其中

$$k'=\omega\sqrt{\frac{\mu_0\varepsilon_0\varepsilon_r}{2}\left(\sqrt{1+\left(\frac{\sigma}{\omega\varepsilon_0\varepsilon_r}\right)^2}+1\right)} \tag{2.19}$$

$$k''=\omega\sqrt{\frac{\mu_0\varepsilon_0\varepsilon_r}{2}\left(\sqrt{1+\left(\frac{\sigma}{\omega\varepsilon_0\varepsilon_r}\right)^2}-1\right)} \tag{2.20}$$

$k'$ 和 $k''$ 是正数。$z$ 方向的波数为 $k_{iz}=k\cos\theta$，其中 $\theta$ 为相对于 $z$ 轴的入射角。考虑连续的 PML 空间，即参数 $\sigma_\omega$ 在 PML 区域内是常数。将公式（2.17）中的 PML 参数和公式（2.18）中的波数代入公式（2.11）中的透射磁场公式，得到：

$$H_t=e_y H_1\exp(-j(k_{ix}x+k_{iz}z))\exp\left(-\sqrt{\frac{\mu_0}{\varepsilon_0}}\sigma_w z\cos\theta\right) \tag{2.21}$$

　　第二个指数项是 PML 提供的附加衰减项，它表明 PML 的衰减速率与电导率、主介质的相对介电常数和研究频率无关。因此，公式（2.17）中的 PML 可以在较宽的频带内实现稳定的性能，可以用于高频波场和低频扩散场。

　　在高频极限（$\omega \varepsilon_0 \varepsilon_r \gg \sigma$）下，位移电流占主导地位，传导电流可以忽略不计，公式（2.17）中的 PML 可以简化为

$$s_w = 1 + \frac{\sigma_w}{j\omega \varepsilon_0 \sqrt{\varepsilon_r}} \tag{2.22}$$

　　这与传统的 UPML 相同。通常将公式（2.22）的分母中的 $\sqrt{\varepsilon_r}$ 并入参数 $\sigma_w$，如文献（Gedney，1996）中所示，则可写成

$$s_w = 1 + \frac{\sigma_w}{j\omega \varepsilon_0} \tag{2.23}$$

　　在波场中，波数有 $k = \omega \sqrt{\mu_0 \varepsilon_0 \varepsilon_r}$ 和 $k_{iz} = k\cos\theta = \omega \sqrt{\mu_0 \varepsilon_0 \varepsilon_r} \cos\theta$。可用 PML 参数代替公式（2.22）中的波场，将波场的波数代入公式（2.11）中的透射磁场，得到：

$$\boldsymbol{H}_t = \boldsymbol{e}_y H_1 \exp(-j(k_{ix}x + k_{iz}z)) \exp\left(-\sqrt{\frac{\mu_0}{\varepsilon_0}}\sigma_w z\cos\theta\right) \tag{2.24}$$

　　该方程的形式与公式（2.21）相同，第二个指数项是 PML 提供的额外衰减。因此，在波场中，传统 UPML 的性能与所研究主介质的相对介电常数和频率无关，而与入射角 $\theta$、传播深度和 PML 参数 $\sigma_\omega$ 有关（Gedney，1996）。因此，传统的 UPML 将在波场上获得稳定的、与频率无关的性能。

　　在低频极限（$\omega \varepsilon_0 \varepsilon_r \ll \sigma$）下，传导电流占主导地位，位移电流可以忽略不计，公式（2.17）中的 PML 可以简化为

$$s_w = 1 + \frac{\sqrt{2}\,\sigma_w}{(1+j)\sqrt{\omega \varepsilon_0 \sigma}} \tag{2.25}$$

　　这是扩散场的标准 PML 参数。在低频扩散场中，由公式（2.6）可知，波数为 $k = \sqrt{-j\omega\mu_0\sigma}$ 和 $k_{iz} = k\cos\theta = \sqrt{-j\omega\mu_0\sigma}\cos\theta$。将公式（2.25）和扩散场的波数代入公式（2.11）中的透射磁场，得到

$$\boldsymbol{H}_t = \boldsymbol{e}_y H_1 \exp(-j(k_{ix}x + k_{iz}z)) \exp\left(-\sqrt{\frac{\mu_0}{\varepsilon_0}}\sigma_w z\cos\theta\right) \tag{2.26}$$

　　第一个指数项与公式（2.9）的磁场相同，它包括扩散波的传播和自然衰减项。第二个指数项是 PML 提供的额外衰减项。结果表明，附加衰减项与公式（2.24）的常规 UPML 的形式相同，因此公式（2.26）的 PML 可以为扩散场的不同频率提供相同的衰减率。PML 吸收性能独立于主介质和频率的导电性，但与入射角 $\theta$、透射深度 $z$ 和 PML 参数 $\sigma_w$ 有关。该 PML 允许广泛的电导率范围和宽低

频频带，并在扩散场的截断中具有稳定的性能。

如果我们仍然使用传统的 UPML 来计算扩散场，基于公式（2.22）中的 PML 和扩散场的波数 $k=\sqrt{-j\omega\mu_0\sigma}$，我们可以计算出传播磁场为

$$\boldsymbol{H}_t = \boldsymbol{e}_y H_1 \exp\left(-j\left(k_{ix}x+k_{iz}z\right)\right) \cdot \exp\left(\frac{j}{\varepsilon_0}\sqrt{\frac{\mu_0\sigma}{2\omega\varepsilon_r}}\sigma_w z\cos\theta\right)$$

$$\cdot \exp\left(-\frac{1}{\varepsilon_0}\sqrt{\frac{\mu_0\sigma}{2\omega\varepsilon_r}}\sigma_w z\cos\theta\right) \tag{2.27}$$

第二个指数项是波项，最后一个指数项是 PML 的附加衰减项。

可见，衰减系数 $\frac{1}{\varepsilon_0}\sqrt{\frac{\mu_0\sigma}{2\omega\varepsilon_r}}$ 与频率成反比。频率越低，电磁波在 PML 中的衰减速度越快。对于较低频率，即使在一个 PML 单元中，电磁波也会衰减，从而导致巨大的离散误差（Berenger，2002）。因此，由于缺乏对传导电流的考虑，以及扩散场对频率的依赖性不同，传统的 UPML 不再适用于扩散场。

通常，为了减小 PML 参数阶跃不连续引起的反射误差，PML 介质通常采用有限厚度的若干 PML 单元，PML 参数采用分级剖面。假设参数 $\sigma_z$ 是 PML 深度 $z$ 的函数，且 PML 的外边界被完美电导体（PEC）边界截断，则 PML 的反射系数可定义为（Gedney，2005）中的式（7.59）

$$R = \exp\left(-2\sqrt{\frac{\mu_0}{\varepsilon_0}}\cos\theta\int_0^d\sigma_z(z)\,\mathrm{d}z\right) \tag{2.28}$$

其中 $\sigma_z(z)$ 为有限元法（finite element method，FEM）（Jin，2014）的 PML 单元中的分段常数。假设 $\sigma_z$ 采用系数 $\frac{\sigma_{max}}{\Delta z}$（即 $\sigma_w=\frac{\sigma_{max}}{\Delta z}f(z)$）的梯度剖面 $f(z)$ 的形式，其中 $\Delta z$ 为 PML 单元厚度。则具有分段常数 $\sigma_z(z)$ 的有限单元 PML 的反射因子表示为

$$R = \exp\left(-2\sqrt{\frac{\mu_0}{\varepsilon_0}}\cos\theta\sum_{i=1}^N\left(\frac{\sigma_{max}}{\Delta z}\cdot f\left(\frac{i}{N}\right)\cdot\Delta z\right)\right) \tag{2.29}$$

式中，$N$ 为 PML 单元总数，$i$ 为每个 PML 单元的索引。可见 PML 单元厚度 $\Delta z$ 被消除，因此反射因子与 PML 单元厚度无关，而与 PML 单元的数量有关。如 Zhang 等（2019）所述，在波场中，通过调整 PML 的虚部，PML 性能与 PML 单元厚度无关。因此，在参数 $\sigma_w$ 适当表达的情况下，PML 对波场和扩散场的吸收性能对 PML 单元厚度不敏感。

值得一提的是，公式（2.25）中扩散场的标准 PML 参数很难直接应用于时域，但我们可以将该 PML 转换为虚拟波域。虚拟波域方法在扩散场的时域模拟中得到了广泛的应用（Hu et al.，2017；Mittet，2010；Ji et al.，2017），与传统的

FDTD 方法相比，虚拟波域方法可以采取更大的时间步长，从而大大节省了计算资源。注意，这里使用的时谐因子是 $e^{j\omega t}$。从真实扩散域到虚拟波域的映射将使用以下方程完成：

$$\omega' = (1-j)\sqrt{\omega\omega_0} \tag{2.30}$$

$$\varepsilon' = \frac{\sigma}{2\omega_0} \tag{2.31}$$

其中 $\omega_0$ 表示任意角频率，$\omega'$ 和 $\omega$ 分别是虚拟波和实际扩散域中的角频率。则将公式（2.3）和（2.4）式中扩散场的 Maxwell 方程变为：

$$\nabla\times E' = -j\omega'\mu_0 H' \tag{2.32}$$

$$\nabla\times H' = j\omega'\varepsilon' E' + J'_s \tag{2.33}$$

虚拟波域中的场和源定义为

$$E' = E \tag{2.34}$$

$$H' = \sqrt{\frac{j\omega}{2\omega_0}}H \tag{2.35}$$

$$J'_s = \sqrt{\frac{j\omega}{2\omega_0}}J_s \tag{2.36}$$

将公式（2.30）和（2.31）代入公式（2.25），得到：

$$s_w = 1 + \frac{\sigma_w}{j\omega'\sqrt{\varepsilon_0\varepsilon'}} \tag{2.37}$$

这是虚拟波域中扩散场的 PML 参数，可替代为

$$s_w = 1 + \frac{\sigma_w}{j\omega'\varepsilon'} \tag{2.38}$$

否则，PML 的吸收性能将与主介质的导电性有关。麦克斯韦方程公式（2.32）、（2.33）和公式（2.37）中的 PML 可以很容易地离散到时域，采用与传统 UPML 相同的方法。在得到虚波域中的时域场后，利用傅里叶变换和傅里叶反变换（Ji et al., 2017）将其转换为实扩散域中的时域场。在本研究中，我们主要集中在频域的电磁仿真，不涉及 PML 在时域的应用。

## 2.3　改进的完全匹配层

为了简化推导，在下一节中我们假设相对介电常数 $\varepsilon_r$ 为 1。Sack 等（1995）提出修改 PML 参数的实部可以提高 PML 对衰减波的吸收能力，修改后的 PML 参数为

$$s_w = \kappa_w + \frac{\sigma_w}{j\omega\varepsilon_0} \tag{2.39}$$

其中，$\kappa_w$ 和 $\sigma_w$ 为 PML 的特征参数。在有耗介质中，波数采用公式（2.18）的形式。我们考虑正入射，PML 中的透射波可以表示为

$$\boldsymbol{H}_t = \boldsymbol{e}_y H_1 \exp\left(-j\left(k'\kappa_w - k''\frac{\sigma_w}{\omega\varepsilon_0}\right)z\right)\exp\left(\left(-k'\frac{\sigma_w}{\omega\varepsilon_0} - k''\kappa_w\right)z\right) \tag{2.40}$$

第一个指数项是波项，它的绝对值是 1，所以这个项不影响场的大小。但是，不能保证离散 PML 空间中 $k'\kappa_w - k''\dfrac{\sigma_w}{\omega\varepsilon_0}$ 一直为正，因此 PML 区域可能存在相位反转。公式（2.40）的第二个指数项是衰减项。$\kappa_w$ 放大自然衰减模式的衰减，$\sigma_w$ 有助于衰减传播模式。在低频极限 $\omega\varepsilon_0\varepsilon_r \ll \sigma$ 下，$k'$ 和 $k''$ 均简化为 $\sqrt{\dfrac{\omega\mu\sigma}{2}}$，第二指数衰减项的第一项 $k'\dfrac{\sigma_w}{\omega\varepsilon_0}$ 将远远大于第二项 $k''\kappa_w$，$\kappa_\omega$ 对衰减模式的吸收能力增加可以忽略不计。$k'\dfrac{\sigma_w}{\omega\varepsilon_0}$ 随着频率的降低而迅速增加，因此这种改进的 UPML 与标准 UPML 一样，在低频扩散领域也会产生巨大的数值误差。

CFS-PML 由 Kuzuoglu 和 Mittra（1996）提出，表示为

$$s_w = \kappa_w + \frac{\sigma_w}{\alpha_w + j\omega\varepsilon_0} \tag{2.41}$$

其中，$\kappa_\omega$、$\sigma_\omega$ 和 $\alpha_\omega$ 为 PML 的特征参数。在损耗介质中，参照公式（2.40），可以写为

$$\boldsymbol{H}_t = \boldsymbol{e}_y H_1$$
$$\cdot \exp\left(-j\left(k'\left(\kappa_w + \frac{\sigma_w\alpha_w}{\alpha_w^2 + (\omega\varepsilon_0)^2}\right) - k''\frac{\omega\varepsilon_0\sigma_w}{\alpha_w^2 + (\omega\varepsilon_0)^2}\right)z\right)$$
$$\cdot \exp\left(\left(-k'\frac{\omega\varepsilon_0\sigma_w}{\alpha_w^2 + (\omega\varepsilon_0)^2} - k''\left(\kappa_w + \frac{\sigma_w\alpha_w}{\alpha_w^2 + (\omega\varepsilon_0)^2}\right)\right)z\right) \tag{2.42}$$

第二个指数项中的第一项 $\dfrac{\omega\varepsilon_0\sigma_w}{\alpha_w^2 + (\omega\varepsilon_0)^2}$ 小于 UPML 的 $\dfrac{\sigma_w}{\omega\varepsilon_0}$，因此 CFS-PML 对传播模式的吸收比 UPML 小。然而，CFS-PML 第二指数项中的第二项 $\kappa_w + \dfrac{\sigma_w\alpha_w}{\alpha_w^2 + (\omega\varepsilon_0)^2}$ 与公式（2.40）中 UPML 的 $\kappa_w$ 相比，增大了衰减模式的衰减。

当 $f \gg \dfrac{\alpha_w}{2\pi\varepsilon_0}$ 时，公式（2.41）简化为（2.39），公式（2.42）简化为

$$\boldsymbol{H}_t = \boldsymbol{e}_y H_0 \exp\left(-j\left(k'\kappa_w - k''\frac{\sigma_w}{\omega\varepsilon_0}\right)z\right)\exp\left(\left(-k'\frac{\sigma_w}{\omega\varepsilon_0} - k''\kappa_w\right)z\right) \tag{2.43}$$

这与 UPML 相同。因此，在非常高的频率下，CFS-PML 与 UPML 具有相同的

性能。

当 $f \ll \dfrac{\alpha_w}{2\pi\varepsilon_0}$ 时，CFS-PML 参数变为实坐标拉伸，不吸收波（Berenger, 2002; Berenger and Jean-Piene, 2002）：

$$s_w = \kappa_w + \frac{\sigma_w}{\alpha_w} \tag{2.44}$$

基于 $f \ll \dfrac{\alpha_w}{2\pi\varepsilon_0}$，式（2.42）可简化为

$$\boldsymbol{H}_t = \boldsymbol{e}_y H_0 \exp\left( -j(k'-jk'')\left( \left( \kappa_w + \frac{\sigma_w}{\alpha_w} \right) z \right) \right) \tag{2.45}$$

因此，在离散 PML 空间中，低频极限的 CFS-PML 与传统的网格扩展方法一样，其扩展的网格厚度等于原始 PML 单元厚度的 $\kappa_w + \dfrac{\sigma_w}{\alpha_w}$ 倍。CFS-PML 不吸收波，PML 中的透射波依靠自身的衰减分量在拉伸距离上衰减。

我们可以调整 $\kappa_w + \dfrac{\sigma_w}{\alpha_w}$ 的值来控制截断性能。然而，由于 PML 单元的数量通常为 12 个或更少，对于非常低的频率，拉伸距离将太短，而对于稍高的频率，网格厚度将太粗。因此，CFS-PML 很难在较宽的低频范围内实现稳定而良好的截断性能。

为了提高吸收性能，我们在公式（2.25）中扩散场的标准 PML 的基础上，将第一项的 1 修改为 $\kappa_w$，将（$1+j$）中的 1 修改为 $\alpha_w$，因此改进后的 PML 参数 $s_w$ 可以表示为

$$s_w = \kappa_w + \frac{\sqrt{2}\,\sigma_w}{(\alpha_w + j)\sqrt{\omega\varepsilon_0\sigma}} \tag{2.46}$$

其中，$\kappa_w$、$\sigma_w$ 和 $\alpha_w$ 为 PML 的特征参数。$\sigma$ 是主介质的电导率。值得注意的是，$\sigma_w$ 和 $\sigma$ 有完全不同的含义。

同样，对于有损介质，$k = k' - jk''$，得到 PML 中的传播场为

$$\boldsymbol{H}_t = \boldsymbol{e}_y H_1$$

$$\cdot \exp\left( \left( -j\left( k'\left( \kappa_w + \frac{\sqrt{2}\,\sigma_w\alpha_w}{(\alpha_w^2+1)\sqrt{\omega\varepsilon_0\sigma}} \right) - \frac{k''\sqrt{2}\,\sigma_w}{(\alpha_w^2+1)\sqrt{\omega\varepsilon_0\sigma}} \right) \right) z \right)$$

$$\cdot \exp\left( \left( -k'\frac{\sqrt{2}\,\sigma_w}{(\alpha_w^2+1)\sqrt{\omega\varepsilon_0\sigma}} - k''\left( \kappa_w + \frac{\sqrt{2}\,\sigma_w\alpha_w}{(\alpha_w^2+1)\sqrt{\omega\varepsilon_0\sigma}} \right) \right) z \right) \tag{2.47}$$

对于消失波，波数为复数，在垂直于介质 PML 界面的方向上，波数接近于纯虚数。因此，当 $\kappa_w + \dfrac{\sqrt{2}\,\sigma_w\alpha_w}{(\alpha_w^2+1)}\dfrac{1}{\sqrt{\omega\varepsilon_0\sigma}}$ 项大于 1 时，可以放大损耗波的吸收

能力。

对于扩散场，我们将 $k'=k''=\sqrt{\dfrac{\omega\mu_0\sigma}{2}}$ 代入公式（2.47），得到：

$$\boldsymbol{H}_t = \boldsymbol{e}_y H_1 \exp\left(-j\left(\sqrt{\frac{\omega\mu_0\sigma}{2}}\kappa_w + \sqrt{\frac{\mu_0}{\varepsilon_0}}\frac{\sigma_w(\alpha_w-1)}{(\alpha_w^2+1)}\right)z\right)$$

$$\cdot \exp\left(-\left(\sqrt{\frac{\omega\mu_0\sigma}{2}}\kappa_w + \sqrt{\frac{\mu_0}{\varepsilon_0}}\frac{\sigma_w(\alpha_w+1)}{(\alpha_w^2+1)}\right)z\right) \qquad (2.48)$$

第一个指数项是波项，不能保证等效波数总是正的。因此，在 PML 区域可能存在作为 UPML 的相位反转。第二个指数项是衰减项。由于 $\mu_0$ 非常小，并且基于 PML 参数的经验范围，衰减项 $\sqrt{\dfrac{\mu_0}{\varepsilon_0}}\dfrac{\sigma_w(\alpha_w+1)}{(\alpha_w^2+1)}$ 通常比 $\sqrt{\dfrac{\omega\mu_0\sigma}{2}}\kappa_w$ 大得多，并且占总衰减项的主导地位。$\sqrt{\dfrac{\mu_0}{\varepsilon_0}}\dfrac{\sigma_w(\alpha_w+1)}{(\alpha_w^2+1)}$ 与主介质的频率和电导率无关，因此改进后的 PML 在扩散场上仍能获得稳定的吸收性能。

在离散 PML 空间中，改进的 PML 参数的 $\kappa_w$、$\sigma_w$ 和 $\alpha_w$ 采用空间减缓坡度剖面，以减小介质界面处的离散化误差。在本研究中，我们采用指数空间分布而不是多项式空间分布。事实上，幂为 1 或 2 的多项式空间分布也可以获得与指数空间分布相当的结果。因此，我们将特征参数的空间分级总结为

$$\begin{cases} \kappa_w = 1 + \kappa_{\max}(\exp(d)-1) \\ \sigma_w = \dfrac{\sigma_{\max}}{\Delta z}\cdot\mu_0\sqrt{\mu_0/\varepsilon_0}\cdot(\exp(d)-1) \\ \alpha_w = \alpha_{\max}(\exp(1-d)-1) \end{cases} \qquad (2.49)$$

其中，$d$ 为 PML 单元中心到介质-PML 界面的距离除以 PML 总厚度，$\Delta z$ 为 PML 单元厚度。在远离介质-PML 界面的方向上，$\kappa_w$ 和 $\sigma_w$ 逐渐增加，而 $\alpha_w$ 由大于 1 的最大值逐渐减少，直至在 PML 外边界附近趋近于 0。在本研究中，PML 的外边界被 PEC 边界缩短。通过 $\kappa_w$、$\sigma_w$ 和 $\alpha_w$ 的适当选择，由 $\dfrac{\alpha_w-1}{\alpha_w^2+1}$ 因子的影响，公式（2.48）中的波项等效波数在 PML 区域会平稳上升，然后变为负值，可显示出在 PML 的 PEC 边界附近存在后向波。但这不是一个缺点，有助于减轻在 PML 外部强加 PEC 边界的数值影响。第二指数衰减项中的 $\dfrac{\alpha_w+1}{\alpha_w^2+1}$ 可以在不同的 PML 深度对吸收因子 $\sigma_\omega$ 有调节能力。总吸收能力从介质-PML 界面开始非常平稳地增加，在 PML 中间迅速增长，然后在靠近外部 PEC 边界处逐渐下降。因此，改进的 PML 参数将大大减少扩散场的数值误差，从而大大提高性能。在接下来的研究中，我

们将使用这个 PML 参数用于截断扩散场。

如果将时谐因子定义为 $e^{-j\omega t}$，则将 $s_w$ 修改为

$$s_w = \kappa_w + \frac{\sqrt{2}\,\sigma_w}{(\alpha_w - j)\sqrt{\omega\varepsilon_0\sigma}} \tag{2.50}$$

## 2.4　完全匹配层的特点

在最初的 Berenger PML 中，$\sigma_{\max}$ 的最优值是基于反射系数，但对于有耗介质中的 UPML 和 CFS-PML，采用的 $\sigma_{\max}$ 一般是基于大量的数值实验。对于扩散场，公式（2.49）中 $\kappa_{\max}$、$\sigma_{\max}$ 和 $\alpha_{\max}$ 的最优值也需要进行一系列数值实验。较小的 $\sigma_{\max}$ 会导致衰减不足，透射波会从 PEC 边界反射回来，而较大值会导致巨大的离散误差。$\alpha_{\max}$ 对 PML 中不同深度处透射波的衰减率有调节作用。因此，需要最优选择 $\kappa_{\max}$、$\sigma_{\max}$ 和 $\alpha_{\max}$，以此平衡来自 PEC 外边界的反射和离散误差。$\kappa_{\max}$、$\sigma_{\max}$ 和 $\alpha_{\max}$ 的最优值分别记为 $\kappa_{\mathrm{opt}}$、$\sigma_{\mathrm{opt}}$ 和 $\alpha_{\mathrm{opt}}$。

为了说明如何找到最优特征参数，我们以一维模型为例论述如何搜索 $\kappa_{\mathrm{opt}}$、$\sigma_{\mathrm{opt}}$ 和 $\alpha_{\mathrm{opt}}$。在这种情况下，存在无限大外加电流平面辐射场的解析解。我们使用 FEM 计算在模拟区域的两端截断 PML 的数值解，PML 采用公式（2.46）的形式。以解析解为参考，计算不同参数 $\kappa_{\max}$、$\sigma_{\max}$ 和 $\alpha_{\max}$ 的相对误差。对于电导率为 0.001S/m，相对介电常数为 1 的模拟区域，其频带为 $10^{-3} \sim 10^3$ Hz，得到 $\sigma \gg \omega\varepsilon$。为了平衡模拟精度与计算成本，我们在模拟区域的每一端设置 12 个单元 PML 进行后续数值实验。模拟和 PML 区域的单元厚度均为 20 m。实验预设了 $\kappa_{\max}$、$\sigma_{\max}$ 和 $\alpha_{\max}$ 的优化范围，其中每个维度取 101 个采样点。采用 PML 的有限元解与解析解之间的差异可以用尺寸为 101×101×101 的相对误差矩阵来描述。在整个模拟区域内，采用 PML 的有限元解与解析解在不同频率下的相对误差最大。相对误差包括反射误差和网格离散化误差。如图 2.1 所示，我们在这个优化范围内得到了最小误差。当 $\sigma_{\mathrm{opt}} = 2.024$ 和 $\alpha_{\mathrm{opt}} = 1.612$ 时，最小误差为 -85.70 dB。图 2.2 为当 $\kappa_{\mathrm{opt}} = -1.04$ 时相对误差随 $\sigma_{\mathrm{opt}}$ 和 $\alpha_{\mathrm{opt}}$ 变化的等值线图。通过切片图和等值线图可以看出，存在一个明显的最小值。不同的 PML 单元需要不同的最优特征参数。我们通过仔细选择这些特征参数，对于一维模型 6 单元 PML 就可以达到 -83 dB 的误差，这是一个可以令人接受的小误差。

为了测试上述最优特性参数的适用范围，使用 12 个单元 PML 验证在不同频率和电导率下的截断性能，其参数为 $\kappa_{\mathrm{opt}} = -1.04$、$\sigma_{\mathrm{opt}} = 2.024$ 和 $\alpha_{\mathrm{opt}} = 1.612$。固定其中一个频率或电导率的仿真参数，观察其他参数变化时的相对误差。图 2.3 显示了模型为 0.001 S/m 的电导率从 $10^{-3} \sim 10^3$ Hz 的不同频率的相对误差。相对

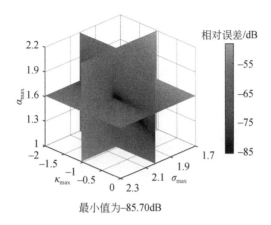

最小值为−85.70dB

图 2.1　$\kappa_{\max}$，$\sigma_{\max}$ 和 $\alpha_{\max}$ 的函数的相对误差切片

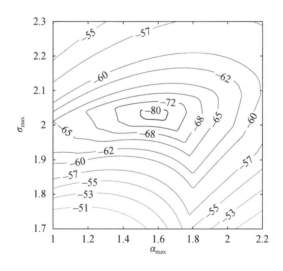

图 2.2　在 $\kappa_{\max}=-1.04$ 处的 PML 相对于 $\sigma_{\max}$ 和 $\alpha_{\max}$ 的相对误差等值线图

误差是模拟区域相对于解析解的最大误差。图 2.4 为 1 Hz 频率下不同模型电导率的相对误差。从图 2.3 和图 2.4 可以看出，相对误差均小于−85 dB，说明本研究的 PML 具有稳定性高，可广泛应用其他领域。对于一组最优的特征参数，该方法允许考虑广泛的频率和模型电导率，这有助于解决实际工程问题。此外，图 2.3 和图 2.4 几乎是相同的。因此，如果频率与模型电导率的乘积保持不变，则 PML 产生的反射误差保持不变。这个结论也可以从公式（2.46）中得出，其中频率和模型电导率对于 PML 参数具有相同的权重。

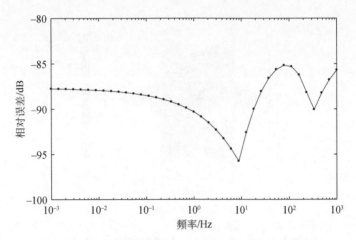

图 2.3　模型电导率为 0.001 S/m 时不同频率的相对误差

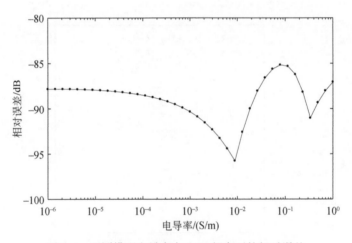

图 2.4　不同模型电导率在 1 Hz 频率下的相对误差

　　虽然我们在公式（2.25）中的标准形式中引入了两个新的参数 $\kappa_w$ 和 $\alpha_w$，但公式（2.46）中修改的 PML 仍然对 PML 单元厚度不敏感。对于参数为 $\kappa_{\mathrm{opt}}=-1.04$、$\sigma_{\mathrm{opt}}=2.024$ 和 $\alpha_{\mathrm{opt}}=1.612$ 的 12 个单元的 PML，我们保持模拟区域的单元厚度为 20 m 不变。数值计算表明，只要单元厚度不超过合理的采样长度，单元厚度为 20 m 的 PML 的吸收性能与 0.2 m、0.02 m 或 0.002 m 相差不大，这极大地方便了 PML 的可移值性。在许多实际应用中，即使网格厚度不同，只要 PML 单元数保持不变，我们也可以保持相同的最佳特征参数。

　　此外，为了显示不同 PML 指标的吸收性能，我们建立了一个特定的模型进行比较。假设模型电导率为 $2\pi\varepsilon_0 \times 10^4$ S/m（约 $5.56\times10^{-7}$ S/m），所研究的频率

范围为 $10^{-2} \sim 10^{10}$ Hz，相对介电常数为 1，则传导电流与位移电流之比为 $10^{-5} \sim$ $10^{5}$。当频率为 $10^{4}$Hz 时，比值为 1。考虑到高频所需的单元厚度，我们将模拟和 PML 区域的单元厚度设置为 0.0005 m。模拟区域单元数为 1000 个，PML 单元数为 12 个。我们比较了公式（2.17）、（2.25）、（2.39）、（2.41）、（2.46）和传统的广泛使用的网格扩展方法中的 PML 的性能。对于适用于公式（2.17）中的波场和扩散场的 PML 及其对公式（2.25）中的扩散场的化简，唯一的 PML 参数设为 $\sigma_{\text{opt}} = 5$。对于公式（2.39）中的 UPML，$\kappa_{\text{opt}} = 0.1$，$\sigma_{\text{opt}} = 5$。对于 CFS-PML 在公式（2.41）中的 $\kappa_{\text{opt}} = 0.1$，$\sigma_{\text{opt}} = 5$ 和 $\alpha_{\text{opt}} = 10^{8}$。当频率小于 $\dfrac{\alpha_{w}}{2\pi\varepsilon_{0}}$ 时，CFS-PML 开始成为真正的坐标拉伸，考虑到低频波段的性能，我们需要选择一个合适的 $\kappa_{w} + \dfrac{\sigma_{w}}{\alpha_{w}}$，在低频波段取得稍好的效果。对于传统的网格扩展方法，扩展的网格数也是 12 个，网格厚度为 $A\left(\kappa_{w} + \dfrac{\sigma_{w}}{\alpha_{w}}\right) \cdot \Delta z$，其中 $\Delta z$ 等于 PML 单元格厚度 0.0005 m，$\kappa_{\omega}$、$\sigma_{\omega}$ 和 $\alpha_{\omega}$ 取与 CFS-PML 相同的值。值得注意的是，$\kappa_{\omega}$、$\sigma_{\omega}$ 和 $\alpha_{\omega}$ 是与频率和模型电导率无关的量。根据 $\kappa_{w} + \dfrac{\sigma_{w}}{\alpha_{w}}$ 的特点，扩展网格厚度逐渐增大。对于公式（2.46）中扩散场的改进 PML，参数仍然是 $\kappa_{\text{opt}} = -1.04$、$\sigma_{\text{opt}} = 2.024$ 和 $\alpha_{\text{opt}} = 1.612$。将这些方法的解与解析解进行比较计算相对误差，我们记录了不同频率下整个模拟区域的最大相对误差，如图 2.5 所示。结果表明，适用于公式（2.17）中的波场和扩散场的 PML 在很宽的频带内具有稳定而良好的性能，相对误差约为 $-50$ dB。公式（2.25）对扩散场的简化在低频时可以达到与公式（2.17）几乎相同的性能，但在高频时性能较差。相反，公式（2.39）中的 UPML 在高频下几乎与公式（2.17）具有相同的性能，但在低频下的性能非常差。公式（2.41）中的 CFS-PML 在高频与 UPML 具有相同的性能，在低频时，与传统的网格大小渐增的延拓方法具有相同的性能。这是因为 CFS-PML 在低频时退化成了实数坐标拉伸，所以它在低频下具有比 UPML 更好的性能。但是，这种等价的网格延拓方法局限于 PML 网格数目以及延拓网格的大小，只能在较窄的低频频带内获得稍好的性能，难以在整个低频频带内获得稳定的性能。可以看出，这五种 PML 公式的误差曲线在图 4.3 中的交点为 $10^{4}$Hz，此时传导电流与位移电流的幅度相同。与标准的低频扩散场 PML 相比，改进的低频扩散场 PML 在低频时相对误差能从 $-50$dB 降到 $-85$dB，表明改进的低频扩散场 PML 具有更佳的截断性能。因此，该 PML 更适合于频域扩散场的网格截断。

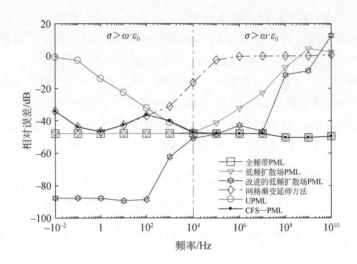

图 2.5　不同频率下不同 PML 的相对误差比较

# 2.5　数值模拟

### 2.5.1　一维模型

　　PML 截断通常应用于辐射和散射问题。在本研究中，采用辐射和散射问题的数值模拟测试 PML 在频域的吸收性能。为此建立了电导率为 0.001 S/m，频率为 1 Hz 和 100 Hz 的一维模型。建立了电导率为 0.001 S/m，频率为 1 Hz 和100 Hz 的一维模型。我们设相对介电常数为 1，有 $\sigma \gg \omega\varepsilon$，所以传导电流占主导地位控制方程是扩散方程。假设在 $z=0$ 处有一个无限大的带电板，电流密度为 $J_0$，不同位置的电场 $E$ 的解析解为

$$E(r) = -\sqrt{\frac{j\omega\mu_0}{\sigma}} \frac{J_0}{2}\exp(-jkr) \qquad (2.51)$$

式中，$r$ 为电流源与观测点之间的距离，$k$ 为公式（2.5）的表现形式。

　　扩散场由麦克斯韦方程给出：

$$\nabla \times \left(\frac{1}{\mu_0}\boldsymbol{\Lambda}^{-1} \cdot \nabla \times \boldsymbol{E}\right) + j\omega\sigma\boldsymbol{\Lambda}\boldsymbol{E} = -j\omega\boldsymbol{J}_s \qquad (2.52)$$

其中，$\boldsymbol{J}_s$ 为外加电流。在模拟区域中，$\boldsymbol{\Lambda}$ 等于单位矩阵，而在 PML 区域中，$\boldsymbol{\Lambda}$ 为公式（2.8）的表现形式。对于一维模拟，采用 50m 网格单元进行离散化，两侧加载 12 单元 PML，并采用上述最优特征参数。我们采用 PEC 边界作为 PML 的外边界，并对该边值问题采用有限元法计算电场。

对于一维问题，电场在传播方向上的偏导数满足：

$$\frac{\partial \boldsymbol{E}}{\partial r} = -jk\boldsymbol{E} \tag{2.53}$$

因此，与传统方法一样，我们在模拟区域的边界处设置这第三类边界条件（Robin 边界条件）来获得参考解。

由于 CFS-PML 在扩散场中通过实坐标拉伸可以获得较好的性能，所以我们在这里也采用了 CFS-PML 作为参考的结果。12 个单元的实际坐标拉伸难以适用于较宽的频率范围，因此我们在这两个频率点上专门设置了合适的参数，使得 CFS-PML 的结果看起来可以接受。在一维模型中，不同方法的计算时间和内存消耗略有不同。图 2.6 展示了解析解、第三种边界条件下的解、CFS-PML 的解，以及在 1 Hz 和 100 Hz 下的 PML 的解的比较结果。在每个频率下，给出了提出的 PML 和 CFS-PML 对解析解的相对误差。只显示电流源右侧的曲线。从图 2.6 可以看出，在 0 ~ 1000 m 的模拟区域范围内，本章提出的 PML、第三类边界条件和解析解之间的电场幅值和相位曲线吻合较好。在 PML 区域，从介质与 PML 界面开始，波衰减平稳，在 PML 中间，波衰减速度快，在靠近外部 PEC 边界处衰减速率减小。在模拟区域内，本章提出的 PML 与解析解的相对误差小于 −85 dB，小于 CFS-PML 与解析解的相对误差。

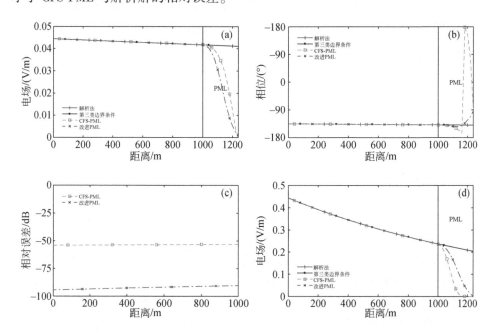

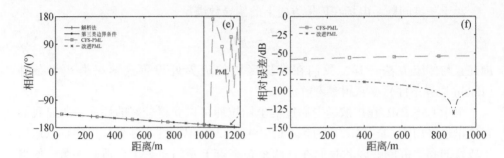

图 2.6　改进的 PML 有限元解、CFS-PML 有限元解、第三类边界条件的有限元解和
解析解的比较，以及 PML 解与解析解之间的相对误差
（a）1 Hz 和（d）100 Hz 的电场衰减曲线；（b）1 Hz 和（e）100 Hz 的相位曲线；
（c）1 Hz 和（f）100 Hz 的 PML 与解析解之间的电场相对误差曲线

### 2.5.2　二维模型

建立 100 m×100 m 的二维模型。电流源置于模拟区域的中心，电流密度为
1A/m²。这个电流源是无限长的，并且垂直于模拟区域的平面。我们将模型电导
率设为 0.2 S/m 来模拟海水的电导率。当考虑的频带小于 $10^7$ Hz 时，传导电流远
大于位移电流；因此，海水中的电磁波是扩散场。该电流源辐射电场的解析
解为：

$$\boldsymbol{E}=\frac{\omega\mu_0\boldsymbol{J}_0}{4}H_0^2(kr) \tag{2.54}$$

其中，$\boldsymbol{J}_0$ 为电流密度，$H_0^2$ 是贝塞尔函数。

模拟区域用均匀的方形网格离散，网格尺寸为 1 m。模拟区域两端各有 12 个
单元的 PML，单元大小为 1m。对于二维模型，特征参数与一维情况有所不同。在
这个二维模型中，我们通过与一维模型类似的数值实验设置了 $\kappa_{opt}=1.8$，$\sigma_{opt}=1.5$
和 $\alpha_{opt}=1.06$。采用有限元法对 PML 截断后的电场进行了数值求解。水下通信使
用极低频电磁波（约为 1～300 Hz），因此本二维模拟涉及的频率为 10 Hz 和
100 Hz。

采用截断仿真区域的传统网格扩展方法，通过在仿真区域外围添加长度不断
增加的扩展网格来获得参考解。在本例中，每侧网格扩展有 100 个单元格，每侧
总长度为 2740 m。网格延伸的总长度远远大于所研究频率的趋肤深度，因此该
方法的结果是可靠的。需要注意的是，对于网格扩展方法，如果频率为宽带，则
扩展网格的长度需要逐渐增加，并且总长度需要足够大。因此，要达到较好的精
度，网格扩展方法需要相当数量的单元数。

采用 PML 法的有限元计算时间为 2 s，而采用网格扩展法的有限元计算时间为 8 s；PML 法所消耗内存约 20 MB，网格扩展法消耗内存约为 300 MB。图 2.7 为 10 Hz 和 100 Hz 时的 PML 法有限元仿真结果、网格扩展法的仿真结果以及解析解的对比。作为参考，我们也展示了 12 个单元使用 CFS-PML 的结果。与一维情况一样，CFS-PML 的参数也针对这两个频率点进行了仿真。仅显示电流源右侧的电场。在图 2.7（a）和图 2.7（b）中，曲线在模拟区域内吻合良好。对于所提出的 PML 方法，PML 区域的电场平滑衰减到零。

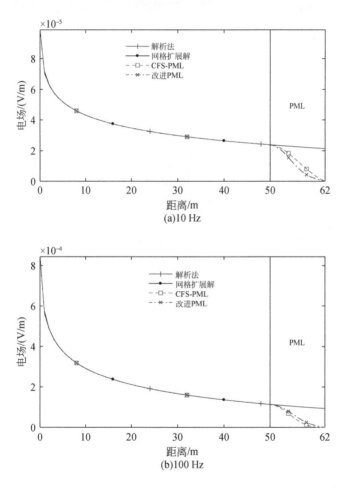

图 2.7  改进的 PML 解、CFS-PML 解、网格扩展解与解析解的比较

图 2.8 显示了在 10 Hz 和 100 Hz 频率下，采用改进的 PML 的解与解析解之间的相对误差。CFS-PML 与网格扩展方法的相对误差也如图所示。在图 2.8（a）和图 2.8（b）中，接近源时误差略大，远离源时误差减小。PML 在远离源时的

相对误差约为-78 dB，这意味着 PML 在二维模型的网格截断中是有效和高效的。CFS-PML 与网格扩展方法的相对误差略大于改进 PML。对于一维辐射问题，由于辐射波是严格的平面波，PML 具有最好的吸收性能。所有的 PML 推导，包括 UPML 和 CFS-PML，都是基于平面波假设。但在二维辐射问题中是圆柱形辐射波，且波以一定角度入射到 PML 中，因此在二维问题中 PML 的吸收性能会略有降低。

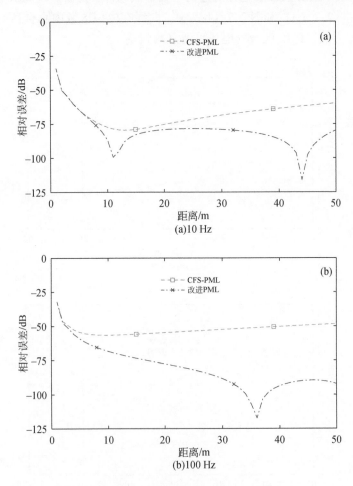

图 2.8　PML 的有限元解与解析解的相对误差

### 2.5.3　三维模型

三维模型建立采用介质电导率为 0.01 S/m，如图 2.9 所示。模拟区域为 3000 m×3000 m×3000 m，模拟区域被离散成边缘长度为 250 m 的均匀立方体。假设在模拟区域的顶面上存在一次电场，电场的极化方向在 $x$ 轴上，电场的振幅在

顶面上为 1。模拟区域周围有 6 个单元
PML，单元厚度为 0.05 m，通过数值实
验设置 PML 参数为 $\kappa_{opt} = 3$，$\sigma_{opt} = 0.84$
和 $\alpha_{opt} = 2.08$。在模拟区域中心存在一
个尺寸为 1000 m×1000 m×1000 m 的散
射体，其电导率为 2 S/m。所涉及的频
率为 0.1 Hz。并以传统的网格扩展方法
为参考，对同一模型进行了求解。每侧
延伸网格数为 24 个，网格尺寸从 250 m
开始以 1.25 的比率增加。网格总延伸
距离为 $2.63 \times 10^5$ m，是趋肤深度的 16.5
倍。图 2.10（a）为 0.1 Hz 下的二次电

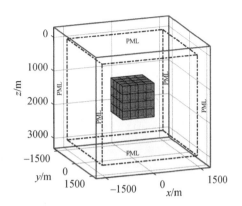

图 2.9　三维模型包括散射体
和 6 个 PML 单元

场对比图（在 $x = 125$ m 和 $z = 1500$ m 处沿 $y$ 轴方向）。由于每侧 PML 的总厚度仅
为 0.3 m，因此我们在图中分别绘制了 PML 区域的场。在模拟区域内，PML 与网
格扩展方法的曲线吻合较好，表明所提出的 PML 适用于三维散射问题。作为参
考，在图 2.10（a）中也展示了 6 个单元的 CFS-PML 的结果。需要指出的是，为
了使 CFS-PML 在该频率下达到最佳性能，我们已经尽了最大的努力去寻找合适
的参数。这个三维模型的计算是在一台计算机服务器上进行的。PML 法耗时 1 分
钟，网格扩展法耗时 140 分钟；PML 方法的计算内存消耗约为 5.2 GB，网格扩
展方法的计算内存消耗约为 117.6 GB。图 2.10（b）显示了所提出的 PML 与网
格扩展方法在模拟区域的相对误差，最大反射误差约为−72 dB。这表明，对于三
维问题，即使 6 单元格的 PML 也可以获得可接受的截断性能，其结果与远距离
网格扩展方法相当。CFS-PML 与网格扩展方法的相对误差如图 2.10（b）所示，
比改进的 PML 略大。

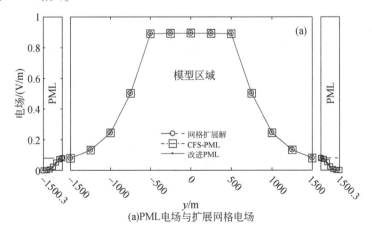

(a)PML电场与扩展网格电场

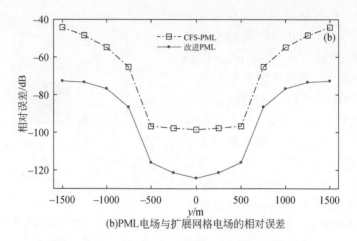

(b)PML电场与扩展网格电场的相对误差

图 2.10　0.1 Hz 的 PML 电场与扩展网格电场的对比

（a）PML 电场与扩展网格电场；（b）PML 电场与扩展网格电场的相对误差

## 2.6　本章小结

　　传统的 PML 不是电磁扩散问题的最佳选择。本章提出了一种新的电磁扩散场的 PML，该参数可以在扩散场上获得良好的截断性能。将所提出的 PML 可应用于辐射问题和散射问题，可以在频域用有限元法计算电场。通过数值算例表明，与解析解和传统网格扩展法的解相比，本章提出的扩散场 PML 算法是有效的，在较宽的应用范围内相对误差较小。与传统的网格扩展方法相比，PML 可以显著降低网格扩展的工作量，节约计算资源。PML 特征参数的优化、PML 轮廓的分级方法以及高阶有限元法的应用可以进一步提高 PML 的性能。此外，值得一提的是，我们只找到了一种适用于频率域扩散场的标准 PML 方法。然而，对于公式（2.17）中既适用于波场又适用于扩散场的标准 PML 以及公式（2.46）中适用于扩散场的改进 PML，如何将其应用于时域还需要进一步的研究。

# 第3章　人工源极低频电磁法正演模拟

人工源极低频电磁法作为一种新兴的电磁勘探方法，利用大功率长天线作为发射源，发射电流可达几百安培，在数千公里范围内可以观测到发射的电磁信号。由于存在发射源且大地与电离层之间会形成"地-电离层"波导，对 WEM 的正演与 MT 以及 CSAMT 的正演存在一定的差异，对 WEM 的正演研究很有必要。而且地球介质往往是三维构造，在地表不同测线或测网采集到的数据通过三维数据反演可以得到更加可靠的地质解释。所以，三维数据反演和地质解释成为发展趋势。作为反演的基础，本章首先介绍 WEM 的三维正演理论。

## 3.1　控　制　方　程

WEM 是基于地下岩矿石、油气等介质的电性差异为探测基础的，通过电磁波的信号观测来达到探测地球内部结构的目的，空间中的电磁波分布可以采用 Maxwell 方程组进行描述。取时谐因子为 $e^{-i\omega t}$，电场和磁场的旋度方程可写为

$$\nabla \times \boldsymbol{E} = i\omega\mu_0\boldsymbol{H} \tag{3.1}$$

$$\nabla \times \boldsymbol{H} = \boldsymbol{J}_s + \sigma\boldsymbol{E} - i\omega\varepsilon\boldsymbol{E} \tag{3.2}$$

其中，$\boldsymbol{E}$、$\boldsymbol{H}$ 分别为电场强度和磁场强度，$\omega$ 为角频率，$\mu_0$ 为真空介质的磁导率，$\varepsilon$ 为介电常数，$\sigma$ 为介质的电导率分布，$\boldsymbol{J}_s$ 表示外加电流源。将公式（3.1）两边取旋度，并将公式（3.2）代入，得到

$$\nabla \times \nabla \times \boldsymbol{E} - i\omega\mu_0\sigma\boldsymbol{E} - \omega^2\mu_0\varepsilon\boldsymbol{E} = i\omega\mu_0\boldsymbol{J}_s \tag{3.3}$$

通常为了克服外加场源的奇异性，会将电场总场分解为一次场和二次场的独立计算。根据叠加原理，电场总场 $\boldsymbol{E}$ 可以表示为一次场 $\boldsymbol{E}_p$ 和二次场 $\boldsymbol{E}_s$ 相加的形式：

$$\boldsymbol{E} = \boldsymbol{E}_p + \boldsymbol{E}_s \tag{3.4}$$

对于背景电导率模型，根据同样的方式可以得到一次场的电场双旋度方程：

$$\nabla \times \nabla \times \boldsymbol{E}_p - i\omega\mu_0\sigma_b\boldsymbol{E}_p - \omega^2\mu_0\varepsilon\boldsymbol{E}_p = i\omega\mu_0\boldsymbol{J}_s \tag{3.5}$$

式中 $\sigma_b$ 为背景电导率模型的电导率分布（一般为均匀半空间或水平层状模型）。将式（3.3）减去式（3.5）可得

$$\nabla \times \nabla \times \boldsymbol{E}_s - i\omega\mu_0\sigma\boldsymbol{E}_s - \omega^2\mu_0\varepsilon\boldsymbol{E}_s = i\omega\mu_0\sigma_a\boldsymbol{E}_p \tag{3.6}$$

其中，$\sigma_a = \sigma - \sigma_p$ 是真实模型电导率与背景模型电导率之间的差值，称之为剩余

电导率。可以看到，公式（3.6）右端不再存在外加场源项 $J_s$，而是一次场的相关项。下面分别介绍 WEM 的一次场 $E_p$ 和二次场 $E_s$ 的求解。

## 3.2　一次场计算

如第 1 章所述，WEM 的基本思想是在高阻地区建设两个接近正交的发射电流源，其长度约为 100 km，发射电流可达几百安培。由于地球和电离层的电导率相对于空气层来说较大，因此对于在空气层内传播的电磁波来说，地球与电离层可以形成一个"地–电离层"波导。电磁波在波导中被引导向前传播，可在较大的距离内观测到该电磁信号。随着观测点与发射电流源距离的不同，观测区域可以大致分为近区、远区和波导区。普通的人工源方法 CSAMT 不需要考虑电离层，因此一次场的计算可以简化为电偶极子在地面上的辐射。但是，WEM 计算一次场时需要考虑到"地–电离层"波导，因此 WEM 的一次场计算将与 CSAMT 存在一些不同之处。

地球是一个椭球体，研究表明（李帝铨等，2011）WEM 采用层状模型和球状模型进行计算时，场强差异主要反映在当发射电流源与观测点距离大于地球半径时（约 6400 km）。而我们当前的观测范围主要集中在发射电流源与观测点距离小于 2000 km 的范围时，可以采用一维层状模型进行近似简化计算。WEM 的一次场计算可以采用 R 函数法（李帝铨等，2010）、层矩阵法（付长民等，2010）或 Dipole1D 软件（Key，2009）进行计算。R 函数法是通过从最外层逐层递推获得不同层的矢量位和标量位，进一步求得电离层、空气层和地球层中任意位置的电磁场值。层矩阵法的原理是对电磁场空间域的变量 x、y、z 中的 x 和 y 变量进行傅里叶变换后转换到波数域 $k_x$ 和 $k_y$ 中，在波数域利用边界条件，采用层矩阵建立起各层的关系后计算得到每一层的波数域电磁场值，再通过二维反傅里叶变换得到空间域中任意位置的电磁场场值。Dipole1D 是由 Kerry key 提供的开源软件，采用 Fortran 语言编写。该软件可用于计算任意方向的电偶极子源在一维层状模型中的辐射电场和磁场，且可适合层数不限的一维层状模型，而且电偶极子源和观测点位置可位于模型任意位置。它可以用来计算空间域（x，y，z）的电磁场或者沿着 x、y、z 方向的电偶极子在波数域（$k_x$，$k_y$，$k_z$）内的电磁场。Dipole1D 中使用与 Wait（2012）相似的 Lorenz 矢量势公式，可以采用不同的时谐因子。在 Dipole1D 中的快速 Hankel 变换中，本章将原滤波系数修改为 2040 点高密度采样滤波系数，以保留足够的高频震荡信息，提高在高频时的数值精度。

建立一个如图 3.1 所示的一维 WEM 模型，我们对比 Dipole1D 软件和 R 函数法的模拟结果。电离层的电导率为 $10^{-4}$ S/m，空气层的电导率为 $10^{-8}$ S/m，均匀地球介质的电导率设置为 $10^{-3}$ S/m。假设电离层和地球介质的厚度分别向上和向下是无限延伸的，在地表处设置一个沿 $y$ 轴的、长度为 100 km 的电流元，观测点与发射源中心的距离为 800 km。观测的频率范围为 0.1 ~ 300 Hz，取对数等间距的 10 个频点。图 3.2 为该观测点处接收到的电场和磁场场值。可以看出，Dipole1D 计算出的场值与 R 函数结算结果高度吻合，所以采用 Dipole1D 软件和 R 函数法计算 WEM 的一次场都是可靠的。

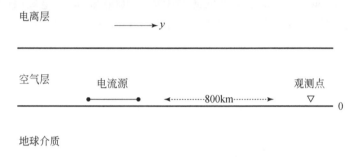

图 3.1　一维 WEM 模型

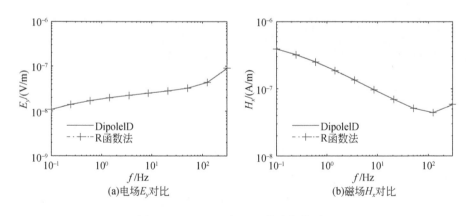

(a)电场$E_y$对比　　　　　　　　(b)磁场$H_x$对比

图 3.2　Dipole1D 与 R 函数法场值对比

## 3.2.1　电离层对 WEM 信号强度的影响

　　基于上述的一次场计算方法，我们首先展示电离层对 WEM 信号强度的影响。对于电导率为 $10^{-3}$ S/m 的地下介质，我们考虑存在电离层和不存在电离层两种情况，如图 3.3 所示，不同距离的观测点沿着图中虚线分布排列。图 3.4 展示了频率分别为 5 Hz 和 50 Hz 时轴向模式（即观测点处于该天线的延长线上）下

$E_y$ 场的衰减曲线和赤道模式（即观测点处于该天线的中垂线上）下 $E_x$ 场的衰减曲线。

　　在轴向和赤道模式下，当发射源与观测点距离较小时，存在电离层和不存在电离层两种情形下，电场曲线重合。当发射源与观测点距离变大时，电离层造成的影响开始显现出来。存在电离层时，地球与电离层之间会形成一个波导。电磁波被波导壁引导传播，会让远距离时电磁波衰减变慢。观测点与发射源的距离越大，相同频率的存在电离层和不存在电离层两种情形下电磁波衰减曲线之间的差异就越明显。例如，在观测点与发射源的距离为 1000 km 时，电离层的存在使得电场信号强度在轴向模式和赤道模式下都增加了约一个数量级。所以，电离层对 WEM 的信号观测有着很大的影响，并且因为电离层的存在使得可以在超远距离下接收到电流源发射的电磁信号。

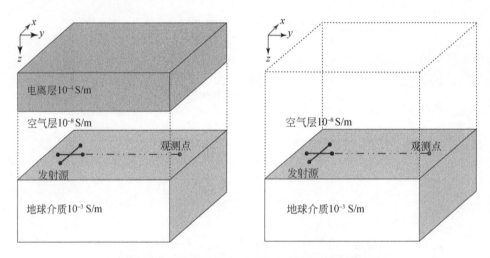

图 3.3　考虑电离层与不考虑电离层的地球模型

　　根据观测点到发射源之间的距离，可以将观测区域大致分为三个部分：近区、远区和波导区。近区和远区的概念类似于传统的 CSAMT 方法。在近区内，电磁场场值与频率无关，不具有测深特性。当观测点到发射源之间的距离超过一定的范围时，接收到的电磁波场值开始展现出"地-电离层"波导所产生的影响，我们将其称为波导区（Simpson and Taflove, 2004）。如图 3.4 所示，轴向模式时，大约 100 km 时电场曲线开始分叉，可以大致认为进入波导观测区；赤道模式时，大约 200 km 时电场曲线开始分叉，可以大致认为进入波导观测区。通常，近区、远区和波导区没有明确的边界，其边界轮廓与地球电导率，电磁波频率和电离层高度等因素密切有关。

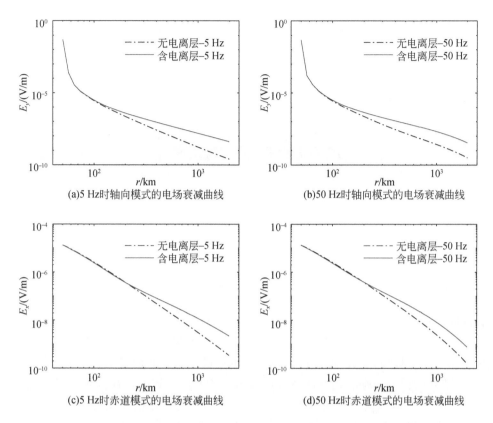

(a)5 Hz时轴向模式的电场衰减曲线　　　　　(b)50 Hz时轴向模式的电场衰减曲线

(c)5 Hz时赤道模式的电场衰减曲线　　　　　(d)50 Hz时赤道模式的电场衰减曲线

图 3.4　轴向模式和赤道模式在 5 Hz 和 50 Hz 频率下的电场衰减曲线

### 3.2.2　一维 WEM 与 MT 的响应对比

我们构建了一个包含电离层的一维层状模型，如图 3.5 所示，以研究 WEM 和 MT 的一维测深响应对比。电离层的高度为 100 km，电导率为$10^{-4}$ S/m，空气层电导率为$10^{-8}$ S/m。地面上有两个相互正交的发射电流源 A1-B1 和 A2-B2。发射源的长度为 100 km，电流强度设置为 100 A。第一层地下介质的电导率为$10^{-3}$ S/m，厚度为 500 m；第二层地下介质的电导率为$10^{-2}$ S/m，厚度为 500 m；第三层地下介质的为$10^{-3}$ S/m，厚度向下无限延伸。

正演模拟所用的频率范围是 0.1 ~ 300 Hz，在该范围内有 30 个对数等距离的频率点。观测点分别位于发射电流源中心右侧的 100、200、400、800 和 1600 km 处。我们采用 Dipole1D 软件来计算 WEM 的一维电磁场，并计算卡尼亚视电阻率和相位。对于 MT 的一维正演响应，我们采用解析解计算。图 3.6 给出了赤道模式和轴向模式下不同收发距的 WEM 视电阻率与相位曲线和 MT 的视电阻率和相

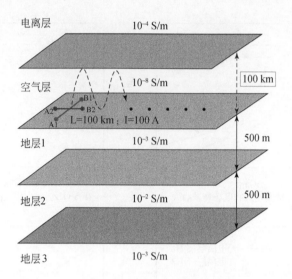

图 3.5 WEM 一维层状模型的示意图

位曲线对比。

由于在远区和波导区内，观测点处采集到的电磁波接近于平面波垂直于地面向下入射。而且高频电磁波比低频电磁波更早进入远区和波导区，因此在图 3.6 中，WEM 的视电阻率和相位曲线在高频段与 MT 是一致的。在低频（尤其是小于 1 Hz）段，低频电磁波相对于高频电磁波需要更远的距离才能进入远区和波导区。所以当观测点距离发射源较近的时候，WEM 的低频响应曲线与 MT 曲线会有明显差别。例如，观测点距离发射源为 100 km 和 200 km 时，对于频率较低的电磁波仍然位于近区范围内，此时并不是平面波，没有测深的意义。在观测曲线上会有像 CSAMT 的近区特征，频率降低视电阻率曲线会缓慢上升，相位存在向下趋势。当观测点距离发射源中心大于大约 300 km 时，WEM 和 MT 的响应曲线

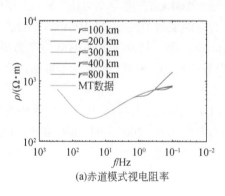

(a)赤道模式视电阻率

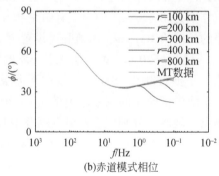

(b)赤道模式相位

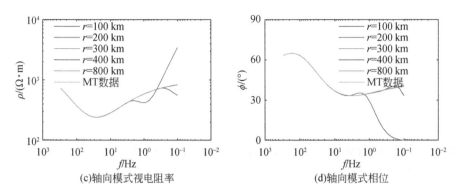

(c)轴向模式视电阻率　　　　　　　　　　(d)轴向模式相位

图 3.6　不同的观测点–发射源距离下，WEM 和 MT 的响应曲线对比

开始接近一致。这表明在该模型下，当收发距大于 300 km 时，所有频点的极低频电磁波已进入了远区和波导区。在远区和波导区内 WEM 的响应曲线与常规 MT 相同，因此这会有利于实际野外数据的反演工作。

## 3.3　二次场计算

求解完一次场 $E_p$ 后，我们需要根据公式（3.6）计算二次场 $E_s$。模拟区域内的偏微分方程已经确定，我们还需要设置模拟区域的外边界。根据电磁场唯一性定理，只有区域外边界条件确定了，内部的电磁场才能唯一确定。对于偏微分方程和边界条件形成的边值问题，在三维模型中，我们通常使用有限差分法或者有限单元法求解数值解。本章中我们将采用有限单元法进行求解，并且使用三维矩形块棱边基有限元。三维矢量基有限元相比节点基有限元无须进行散度校正（Cai et al., 2014，2017；Hu et al., 2015）。

首先，我们用权函数 $v$ 点乘偏微分方程式（3.6）的两端，并对模拟区域进行积分，得到加权余量

$$R = \iiint_{\Omega} \boldsymbol{v} \cdot (\nabla \times \nabla \times \boldsymbol{E}_s)\,\mathrm{d}\Omega - \iiint_{\Omega} (i\omega\mu_0\sigma + \omega^2\mu_0\varepsilon)(\boldsymbol{v} \cdot \boldsymbol{E}_s)\,\mathrm{d}\Omega$$

$$- \iiint_{\Omega} i\omega\mu_0\sigma_a(\boldsymbol{v} \cdot \boldsymbol{E}_p)\,\mathrm{d}\Omega \tag{3.7}$$

根据矢量 Green 定理，有

$$\iiint_{\Omega} \boldsymbol{v} \cdot (\nabla \times \nabla \times \boldsymbol{E}_s)\,\mathrm{d}\Omega = \iiint_{\Omega} (\nabla \times \boldsymbol{v}) \cdot (\nabla \times \boldsymbol{E}_s)\,\mathrm{d}\Omega + \oint_{\mathrm{d}\Gamma} [\boldsymbol{v} \times (\nabla \times \boldsymbol{E}_s)] \cdot \boldsymbol{n}\mathrm{d}S$$

$$\tag{3.8}$$

其中 $\boldsymbol{n}$ 表示模拟区域边界外法向。由于通常在外边界上已经强制设置了 Dirichlet

边界条件，因此，可令公式（3.8）中的 $\oint_{\mathrm{d}\Gamma}[\boldsymbol{v}\times(\nabla\times\boldsymbol{E}_s)]\cdot\boldsymbol{n}\mathrm{d}S=0$，以免重复设置边界条件（葛德彪和魏兵，2014）。将公式（3.8）代入（3.7）中，并令加权余量等于 0 便得到弱解形式：

$$\iiint_{\Omega}(\nabla\times\boldsymbol{v})\cdot(\nabla\times\boldsymbol{E}_s)\mathrm{d}\Omega-\iiint_{\Omega}(i\omega\mu_0\sigma+\omega^2\mu_0\varepsilon)(\boldsymbol{v}\cdot\boldsymbol{E}_s)\mathrm{d}\Omega$$

$$=\iiint_{\Omega}i\omega\mu_0\sigma_a(\boldsymbol{v}\cdot\boldsymbol{E}_p)\mathrm{d}\Omega \tag{3.9}$$

将模拟区域划分为如图 3.7 所示的诸多单元（$e=1$，2，$\cdots$，$Ne$），并将公式（3.9）中的积分写为各个单元积分之和。

$$\sum_e\iiint_{\Omega^e}(\nabla\times\boldsymbol{v})\cdot(\nabla\times\boldsymbol{E}_s^e)\mathrm{d}\Omega-\sum_e\iiint_{\Omega^e}(i\omega\mu_0\sigma+\omega^2\mu_0\varepsilon)(\boldsymbol{v}\cdot\boldsymbol{E}_s^e)\mathrm{d}\Omega$$

$$=\sum_e\iiint_{\Omega^e}i\omega\mu_0\sigma_a(\boldsymbol{v}\cdot\boldsymbol{E}_p^e)\mathrm{d}\Omega \tag{3.10}$$

电场分量 $\boldsymbol{E}^e$ 在矩形有限单元内可用棱边基函数表示为

$$\boldsymbol{E}^e=\sum_{j=1}^{12}N_j^e\boldsymbol{E}_j^e \tag{3.11}$$

其中，$E_j^e$ 分别表示 $x$，$y$，$z$ 方向上总计 12 个棱边上的电场值，$N_j^e$ 表示该单元的基函数。基函数仅在自身棱边处有平行分量，大小为 1；在非自身棱边处没有平行分量。棱边基函数散度为 0，因此单元中电场满足了散度定理，无须再进行散度校正。当 $j=1$，2，3，4 时，表示 $x$ 方向上的棱边；当 $j=5$，6，7，8 时，表示 $y$ 方向上的棱边；当 $j=9$，10，11，12 时，表示 $z$ 方向上的棱边。

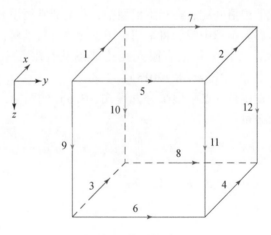

图 3.7　矩形块单元

将公式（3.11）代入到（3.10）中，得到

$$\sum_e \sum_{j=1}^{12} E_{sj}^e \iiint_{\Omega^e} (\nabla \times \boldsymbol{v}) \cdot (\nabla \times \boldsymbol{N}_j^e) \mathrm{d}\Omega - \sum_e \sum_{j=1}^{12} E_j^e \iiint_{\Omega^e} (i\omega\mu_0\sigma + \omega^2\mu_0\varepsilon)(\boldsymbol{v} \cdot \boldsymbol{N}_j^e) \mathrm{d}\Omega$$

$$= \sum_e \sum_{j=1}^{12} E_{pj}^e \iiint_{\Omega^e} i\omega\mu_0\sigma_a (\boldsymbol{v} \cdot \boldsymbol{N}_j^e) \mathrm{d}\Omega \tag{3.12}$$

采用 Galerkin 方法，即权函数等于基函数（$\boldsymbol{v} = \boldsymbol{N}_i^q$，$q = 1$，$\cdots$，$Ne$）。根据基函数性质，基函数 $\boldsymbol{N}_i^e$ 只在本单元 $e$ 内不为零，于是公式（3.12）可以简化为

$$\sum_{j=1}^{12} E_{sj}^e \iiint_{\Omega^e} (\nabla \times \boldsymbol{N}_i^e) \cdot (\nabla \times \boldsymbol{N}_j^e) \mathrm{d}\Omega - \sum_{j=1}^{12} E_{sj}^e \iiint_{\Omega^e} (i\omega\mu_0\sigma + \omega^2\mu_0\varepsilon)(\boldsymbol{N}_i^e \cdot \boldsymbol{N}_j^e) \mathrm{d}\Omega$$

$$= \sum_{j=1}^{12} E_{pj}^e \iiint_{\Omega^e} i\omega\mu_0\sigma_a (\boldsymbol{N}_i^e \cdot \boldsymbol{N}_j^e) \mathrm{d}\Omega \tag{3.13}$$

将上式中各个单元积分分别记为

$$\begin{cases} \boldsymbol{K}_{1ij}^e = \iiint_{\Omega^e} (\nabla \times \boldsymbol{N}_i^e) \cdot (\nabla \times \boldsymbol{N}_j^e) \mathrm{d}\Omega \\ \boldsymbol{K}_{2ij}^e = \iiint_{\Omega^e} (i\omega\mu_0\sigma + \omega^2\mu_0\varepsilon)(\boldsymbol{N}_i^e \cdot \boldsymbol{N}_j^e) \mathrm{d}\Omega \quad i = 1,2,\cdots 12; j = 1,2,\cdots 12 \\ \boldsymbol{K}_{pij}^e = \iiint_{\Omega^e} i\omega\mu_0\sigma_a (\boldsymbol{N}_i^e \cdot \boldsymbol{N}_j^e) \mathrm{d}\Omega \end{cases} \tag{3.14}$$

于是公式（3.13）变为

$$\sum_{j=1}^{12} \boldsymbol{K}_{1ij}^e E_{sj}^e - \sum_{j=1}^{12} \boldsymbol{K}_{2ij}^e E_{sj}^e = \sum_{j=1}^{12} \boldsymbol{K}_{pij}^e E_{pj}^e \tag{3.15}$$

由于每个基函数 $\boldsymbol{N}_i^e$ 中，$e = 1$，$2$，$\cdots$，$Ne$，$i = 1$，$2$，$\cdots$，$12$，也就是公式（3.13）这样的方程一共有 $12 \times Ne$ 个，而未知数只有 $Nedge$（棱边数目），所以是一个冗余方程组。联立所有单元的方程组，合并同类项，也就是把局部棱边编号统一都映射到全局棱边号中。我们可以把最终的大型稀疏方程组写为

$$(\boldsymbol{K}_1 - \boldsymbol{K}_2)\boldsymbol{E}_s = \boldsymbol{K}_p \boldsymbol{E}_p \tag{3.16}$$

其中，$\boldsymbol{K}_1$、$\boldsymbol{K}_2$ 和 $\boldsymbol{K}_p$ 是指 $\boldsymbol{K}_1^e$、$\boldsymbol{K}_2^e$ 和 $\boldsymbol{K}_p^e$ 映射后的全局矩阵。由于一次场 $\boldsymbol{E}_p$ 是已知量，加载边界条件后，求解该方程组，即可得到二次场 $\boldsymbol{E}_s$。对于边界条件，当模拟区域外边界距离异常体足够远时，通常大于几倍趋肤深度时，异常体产生的二次场在模拟区域外边界上可以认为已经衰减至零。因此，可以将模拟区域外边界上的二次电场 $\boldsymbol{E}_s$ 切向分量设置为 0 作为三维数值模拟中的边界条件。对于大型稀疏方程组的求解，可采用直接求解法或迭代法求解。直接求解法计算速度快，精度高，但是占用内存大，故在三维正演中应用相对较少。迭代法因为占用内存小，计算精度和速度也满足要求，在三维电磁法正演中较为常用。将二次场 $\boldsymbol{E}_s$ 与一次场 $\boldsymbol{E}_p$ 相加便可得到电场总场 $\boldsymbol{E}$。再根据 Maxwell 方程组中的旋度公式，便可得到观测点处的磁场 $\boldsymbol{H}$。

　　在 WEM 模拟中，可以使用单发射源的标量观测，也可使用双发射源的张量观测。当张量观测时，假设地面存在场源 1 和场源 2。场源 1 发射时，$x$ 和 $y$ 方向上观测点处的电场与磁场分别表示为 $E_{x1}$，$E_{y1}$，$H_{x1}$，$H_{y1}$。场源 2 发射时，$x$ 和 $y$ 方向上观测点处的电场与磁场分别表示为 $E_{x2}$，$E_{y2}$，$H_{x2}$，$H_{y2}$。那么，地表观测点处的张量阻抗计算公式为

$$Z_{xx} = \frac{E_{x1}H_{y2} - E_{x2}H_{y1}}{H_{x1}H_{y2} - H_{x2}H_{y1}} \tag{3.17}$$

$$Z_{xy} = \frac{E_{x2}H_{x1} - E_{x1}H_{x2}}{H_{x1}H_{y2} - H_{x2}H_{y1}} \tag{3.18}$$

$$Z_{yx} = \frac{E_{y1}H_{y2} - E_{y2}H_{y1}}{H_{x1}H_{y2} - H_{x2}H_{y1}} \tag{3.19}$$

$$Z_{yy} = \frac{E_{y2}H_{x1} - E_{y1}H_{x2}}{H_{x1}H_{y2} - H_{x2}H_{y1}} \tag{3.20}$$

以场源 1 为例，地表第 $j$ 个观测点处的场值假设为 $E_{x1}^{j}$、$E_{y1}^{j}$、$H_{x1}^{j}$ 和 $H_{y1}^{j}$，其可以表示为插值函数与模拟区域单元棱边上电场 $\boldsymbol{E}_1$ 的乘积

$$E_{x1}^{j} = {}^{e}g_{j(x)}^{\mathrm{T}} \cdot \boldsymbol{E}_1 \tag{3.21}$$

$$E_{y1}^{j} = {}^{e}g_{j(y)}^{\mathrm{T}} \cdot \boldsymbol{E}_1 \tag{3.22}$$

$$H_{x1}^{j} = {}^{h}g_{j(x)}^{\mathrm{T}} \cdot \boldsymbol{E}_1 \tag{3.23}$$

$$H_{y1}^{j} = {}^{h}g_{j(y)}^{\mathrm{T}} \cdot \boldsymbol{E}_1 \tag{3.24}$$

其中，${}^{e}g_{j(x)}^{\mathrm{T}}$、${}^{e}g_{j(y)}^{\mathrm{T}}$、${}^{h}g_{j(x)}^{\mathrm{T}}$ 和 ${}^{h}g_{j(y)}^{\mathrm{T}}$ 为空间插值函数。

　　进一步地，视电阻率和相位的计算可以写为

$$\rho_{ij} = \frac{1}{\mu_0\omega} |Z_{ij}|^2, \quad \varphi_{ij} = \arctan\left(\frac{\mathrm{Imag}(Z_{ij})}{\mathrm{Real}(Z_{ij})}\right) \tag{3.25}$$

其中，$i$ 和 $j$ 可以分别表示 $x$ 和 $y$。

## 3.4　正确性验证

　　为了验证三维有限单元法在 WEM 正演模拟中的正确性，我们将其与同样为 WEM 正演开发的三维交错网格有限差分法以及三维积分方程法的正演结果进行对比。设计如图 3.8 所示的正演模型，地下背景介质的电导率为 0.01 S/m。坐标原点下方存在一个低阻异常体，其电导率为 0.1 S/m，顶面埋深为 250 m。该异常体的几何尺寸为 750 m×750 m×250 m。在地面坐标原点左侧 −1000 km 处存在一个沿 $y$ 方向的发射电流源，该发射电流源的长度为 100 km，电流为 100 A。电离层的高度为 100 km，电导率设置为 $10^{-4}$ S/m，空气的电导率设置为 $10^{-8}$ S/m。正演所采用的频率范围为 0.1 ~ 300 Hz，共计 12 个频点。该正演模型水平方向上

的网格大小为 150 m，$x$ 和 $y$ 方向上均匀网格的数量为 11×11，$z$ 方向上地下网格数目为 11，并在地表上方 $z$ 方向上设置总计 12 层的空气层和电离层。在模拟区域四周和下方每侧加载 12 层的渐变延伸网格，延伸距离为低频趋肤深度的 5 倍。

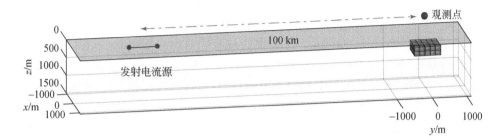

图 3.8　三维 WEM 低阻异常体模型

我们在坐标原点处进行测深，计算得到轴向模式下观测点处的 $E_y$ 电场和 $H_x$ 磁场，进一步计算出不同频率下视电阻率和相位值。图 3.9 展示了本章所述的三维 WEM 棱边基有限元正演结果与交错网格有限差分法（曹萌，2016）及三维积分方程法（付长民等，2012）的正演结果对比，图 3.9（a）为不同频率下坐标原点处的视电阻率对比，图 3.9（b）为不同频率下坐标原点处的相位对比。从图 3.9 可以看出，三组曲线之间基本吻合良好，经过计算，与交错网格差分法的视电阻率和相位误差分别为 2.6% 和 0.23%。因为不同的数值方法计算磁场的位置和方式是存在区别的，所以这些误差是可以被接受的。故通过该模型可以说明本章开发的矩形块棱边基有限单元法对三维 WEM 的数值模拟是准确可靠的，可以适用于后续的反演工作。

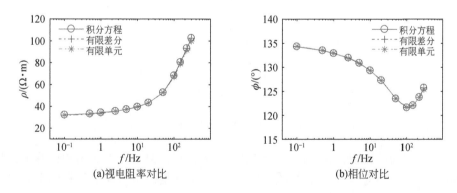

图 3.9　三维 WEM 棱边基有限元法与有限差分法及积分方程正演结果对比

## 3.5　三维正演算例

我们考虑在大收发距下，经典的大地电磁三维 COMMEMI3D-1A 模型
（Zhdanov et al.，1997）在 WEM 模式下的正演模拟数据。假设发射电流源中心与
模拟区域中心的距离为 800 km，发射源处存在两个正交的电流源，电流源长度
都为 100 km，电流为 100 A。地球背景电导率为 0.01 S/m 时，通过一维模型试
算，我们确定频率大于 0.1 Hz 时在 800 km 的收发距下电磁波都已经进入远区和
波导区，此时观测点处观测到的电磁波可以看作是垂直地面入射。因此，在较大
的收发距下，理论上 WEM 的视电阻率和相位响应应当与 MT 一致。著名的 COM-
MEMI3D-1A 模型通常被学者们用来研究不同算法的可靠性和准确性。该模型中，
在背景介质内存在一个低阻棱柱体，大小为 1000 m×2000 m×2000 m，顶部埋深
为 250 m，电导率为 2 S/m。正演的频带范围为 0.1 ~ 300 Hz。如图 3.10 所示，
深灰色棱柱体表示异常体，浅灰色平面代表地面。方框内表示本区域内水平方向
上的网格长度是均匀的，水平方向上网格长度为 250m。在方框内，$z$ 方向上为了
更加精确地计算地表阻抗信息，浅地表部分网格较密，而其余部分网格长度仍然
为 250 m。

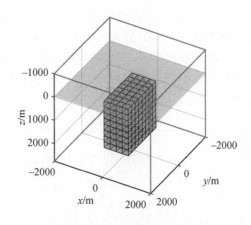

图 3.10　COMMEMI3D-1A 模型

在一次场计算中，我们需要考虑电离层的存在，但是在二次场的计算中，我
们在模拟区域中为了节省计算量，往往不考虑电离层。由于地下异常体引起二次
场幅值较弱，二次场从电离层反射下来幅值已经更小，对观测数据影响可以忽
略。对于该模型，我们在一次场计算中考虑电离层，但在二次场计算中，对比模
型划分电离层和不划分电离层的正演结果。空气层的厚度为 100 km，电导率为

$10^{-8}$ S/m。在空气层顶面上方设置电导率为$10^{-4}$ S/m 的电离层和继续设置空气层的两种情况进行正演，为了使二次场到外边界处衰减到 0，需要进行几倍趋肤深度的大距离网格延拓，每侧延拓 12 层。对比结果如图 3.11 所示，分别表示 0.1 Hz时二次场计算中考虑电离层和不考虑电离层两种情况下 $xy$ 和 $yx$ 模式的视电阻率对比以及两者的相对误差。可以看到二次场计算中考虑电离层和不考虑电离层两种情况下，对视电阻率数据影响很小，误差为$10^{-7}$量级。故在接下来的研究中，如文献（曹萌，2016）中一样，在一次场计算时考虑电离层，在二次场计算时不划分电离层。

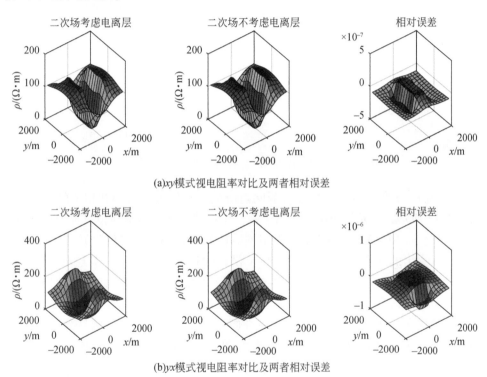

图 3.11　在计算二次场时考虑电离层和不考虑电离层时正演结果比较

图 3.12 展示了 0.1 Hz 和 10 Hz 时，经过异常体在地面投影中心沿 $x$ 方向的测线上 $xy$ 模式的视电阻率曲线对比。以圆圈标记的曲线为 WEM 正演程序的视电阻率曲线，实线是文献（Ren et al.，2013）中 MT 的正演响应。可以看到，在不同计算方法允许的范围内，在大收发距下的 WEM 响应可以认为是与 MT 一致的。尤其在低频 0.1 Hz 时，WEM 的视电阻率与 MT 视电阻率基本吻合，说明该收发距下已经超出了近区和过渡区范围。图 3.12 中，灰色误差棒为当时 COMMEMI

项目所提供，给出了不同研究人员在 1997 年计算的视电阻率范围。但是原始 COMMEMI3D-1A 模型给出的结果在 10 Hz 时，会在低阻块上方存在视电阻率范围偏大的情况（Zyserman and Santos，2000；Mitsuhata and Uchida，2004）。图 3.12 (b) 中，10 Hz 的 WEM 和 MT 的视电阻率曲线都在 COMMEMI3D-1A 给出的范围下部。可以看到，1 Hz 和 10 Hz 的 WEM 和 MT 视电阻率曲线几乎都在 COMMEMI3D-1A 的误差棒内，且 WEM 曲线与 MT 视电阻率曲线吻合较好。

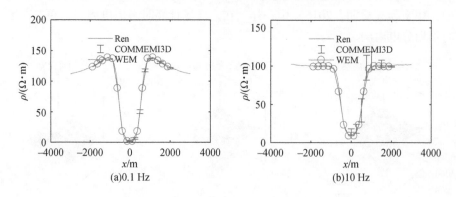

图 3.12　0.1 Hz 和 10 Hz 的 $xy$ 模式视电阻率曲线对比

以 10 Hz 为例，给出了地表观测网内所观测到的视电阻率和相位的平面图。如图 3.13 所示，分别给出了 $xx$、$yy$、$xy$、$yx$ 模式的视电阻率和相位观测平面图。可以看到，$xx$ 模式和 $yy$ 模式下视电阻率响应幅值较小，且在低阻异常体四个角点上存在突出的异常响应。$xx$ 模式和 $yy$ 模式的相位在低阻异常体上方出现较为明显的异常正值。在 $xy$ 模式和 $yx$ 模式视电阻率图中，可以观测到非常明显的较小视电阻率值，且 $xy$ 模式的视电阻率异常轮廓与真实地下异常体模型分布更加接近。同样在 $xy$ 模式和 $yx$ 模式的相位平面上，在异常体上方区域具有较为明显的异常观测值。所以从平面观测数据上，可以初步看出一点地下异常体分布端倪。

图 3.14 是 $xx$、$yy$、$xy$、$yx$ 模式下不同频率的张量视电阻率和相位切片图。$xx$ 模式和 $yy$ 模式的视电阻率异常在低频时更加明显，在异常体的轮廓顶点上有明显反应。相反地，$xx$ 模式和 $yy$ 模式的相位异常在高频时更加突出。$xy$ 模式和 $yx$ 模式的视电阻率和相位在异常体上方具有明显的异常响应，视电阻率切片在低频时异常范围更大，而相位在频率偏高时异常更为明显。异常在不同频率间具有渐变的连续性，且所有模式的不同频率的视电阻率和相位响应在空间分布上都是关于 $x$ 轴和 $y$ 轴呈现对称性的。

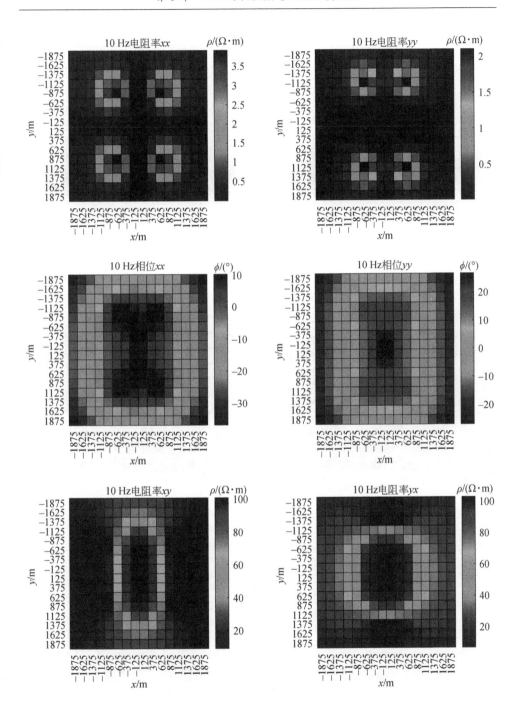

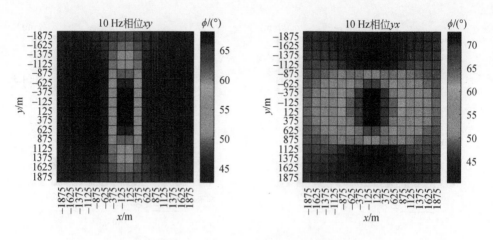

图 3.13　10 Hz 的观测数据平面图

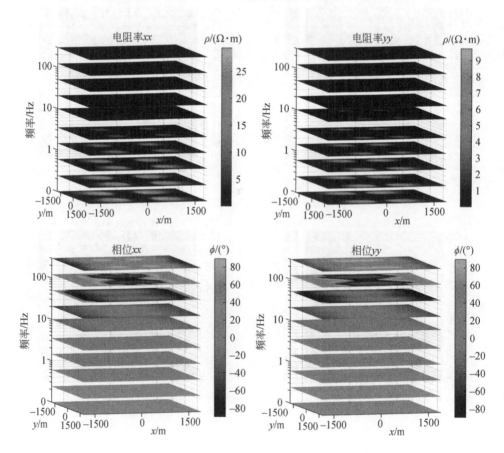

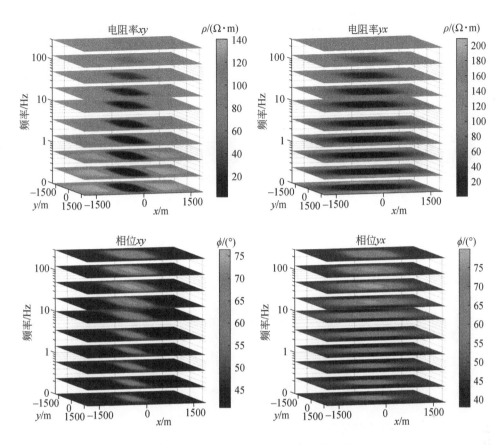

图 3.14　不同频率的视电阻率和相位切片图

# 3.6　本章小结

本章对三维 WEM 的有限单元法正演模拟作了一个详细介绍。

模拟区域内的总电场分为一次场和二次场的单独计算。一次场可以采用 R 函数法、层矩阵法或者 Dipole1D 软件进行计算，我们对比了 R 函数法与 Dipole1D 软件的计算结果，确保一次场的计算是可靠的。我们分析了电离层对大收发距下信号强度的影响，同时也讨论了不同收发距下一维模型的 WEM 与 MT 响应异同。对于二次场的边值问题，我们采用三维矩形块棱边基有限单元法进行求解。通过计算两组发射源的电场和磁场值，可以得到张量阻抗信息，进一步获得张量视电阻率和相位。

我们同已有的交错网格有限差分法和积分方程法的计算结果进行对比，验证了三维 WEM 正演程序的正确性和可靠性。并且我们分析了经典的大地电磁 COMMEMI3D-1A 模型在大收发距下 WEM 的响应，并同 MT 的响应进行了比较，认为在 800 km 的大收发距下，该模型的 WEM 张量响应和 MT 的张量响应是接近一致的。

# 第4章 完全匹配层在 WEM 三维模拟中的应用

在勘探电磁法的模拟中，模拟区域广泛使用的截断边界条件是在几倍趋肤深度的大距离网格延拓之后设置强制 Dirichlet 边界。这种大距离的网格延拓方法的优点是设置简单，缺点是延拓距离需要几倍趋肤深度，针对不同的频率范围需要不同的网格设置，会消耗较多的计算机资源和时间。作为一种新型的吸收边界条件，完全匹配层已经广泛应用于许多领域的高频电磁场仿真当中。然而，大地电磁法、可控源音频大地电磁法和人工源极低频电磁法等频域电磁勘探方法的控制方程是扩散方程，其传导电流远大于位移电流。扩散方程和波动方程在频率关系上存在较大区别，因此，为波动方程设计的常见完全匹配层公式不太适合扩散场的截断。因此，我们提出了适用于全频带的完全匹配层公式，并针对扩散场的特点，提出了适用于扩散场的简化完全匹配层公式，将其应用于极低频电磁法的有限元模拟当中。我们将使用完全匹配层截断的三维 WEM 模拟结果与使用常规的大距离网格延拓方法的结果进行比较，以验证其应用效果。

## 4.1 完全匹配层理论

单轴各向异性完全匹配层（uniaxial perfectly matched layer，UPML）的基本原理已在文献（Gedney，1996）中展开了详细的介绍。尽管它是在波动方程中推导出来的，但其仍然适用于扩散方程。在本节中，我们将简要推导扩散场的无反射条件。如图 4.1 所示，在 $xz$ 平面内，$x<0$ 的区域为主介质，表示目标模拟区域，$x>0$ 的区域表示各向异性介质。在 $x=0$ 处存在一个垂直于 $x$ 轴的界面。主介质的介电常数、磁导率和电导率分别为 $\varepsilon$、$\mu$ 和 $\sigma$。

考虑扩散场情形，传导电流远大于位移电流。在 $x<0$ 的主介质内，时谐因子为 $e^{-i\omega t}$，Maxwell 方程可以简化为

$$\nabla\times\boldsymbol{E}=i\omega\mu_0\boldsymbol{H} \tag{4.1}$$

$$\nabla\times\boldsymbol{H}=\sigma\boldsymbol{E} \tag{4.2}$$

其中，$\boldsymbol{E}$ 为电场，$\boldsymbol{H}$ 为磁场，$\omega$ 为角频率，$\mu$ 为磁导率，$\sigma$ 为电导率，$i=\sqrt{-1}$。

在 $x>0$ 的各向异性介质内，Maxwell 方程组可以写为

$$\nabla\times\boldsymbol{E}=i\omega\mu_0\boldsymbol{\mu}_p\cdot\boldsymbol{H} \tag{4.3}$$

$$\nabla\times\boldsymbol{H}=\sigma\boldsymbol{\sigma}_p\cdot\boldsymbol{E} \tag{4.4}$$

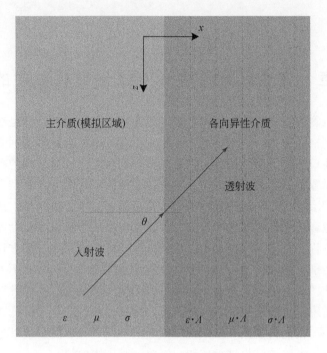

图 4.1　各向异性介质示意图

其中 $\mu_0\boldsymbol{\mu}_p$ 和 $\sigma\boldsymbol{\sigma}_p$ 分别表示各向异性介质的磁导率和电导率。我们假设该各向异性介质为单轴各向异性介质，并且各向异性参数关于 $x$ 轴旋转对称，则相对本构参数张量 $\boldsymbol{\sigma}_p$ 和 $\boldsymbol{\mu}_p$ 可以表示为

$$\boldsymbol{\sigma}_p = \begin{bmatrix} b & 0 & 0 \\ 0 & a & 0 \\ 0 & 0 & a \end{bmatrix} \tag{4.5}$$

$$\boldsymbol{\mu}_p = \begin{bmatrix} d & 0 & 0 \\ 0 & c & 0 \\ 0 & 0 & c \end{bmatrix} \tag{4.6}$$

　　公式（4.3）和（4.4）的平面波解可以表示为

$$\boldsymbol{E},\boldsymbol{H} \propto \exp(-\boldsymbol{k}_t \cdot \boldsymbol{r}) \tag{4.7}$$

其中 $\boldsymbol{k}_t$ 表示各向异性介质中的波矢量，$\boldsymbol{k}_t = \boldsymbol{e}_x k_{tx} + \boldsymbol{e}_z k_{tz}$，其中 $k_{tx}$ 表示 $x$ 方向上的透射波波数，$k_{tz}$ 表示 $z$ 方向上的透射波波数。根据相位匹配原理，有 $k_{tz} = k_{iz}$，$k_{iz}$ 表示入射波在 $z$ 方向上的波数。于是

$$\boldsymbol{k}_t = \boldsymbol{e}_x k_{tx} + \boldsymbol{e}_z k_{iz} \tag{4.8}$$

　　对于平面波，公式（4.3）和（4.4）中算子 $\nabla$ 可作如下替换（葛德彪和魏

兵，2014）：

$$\nabla \rightarrow -\boldsymbol{k}_t \qquad (4.9)$$

则公式（4.3）和（4.4）中的旋度公式可以表示为

$$-\boldsymbol{k}_t \times \boldsymbol{E} = i\omega\mu_0 \boldsymbol{\mu}_p \cdot \boldsymbol{H} \qquad (4.10)$$

$$-\boldsymbol{k}_t \times \boldsymbol{H} = \sigma\boldsymbol{\sigma}_p \cdot \boldsymbol{E} \qquad (4.11)$$

根据公式（4.10）和（4.11），并假设 $k^2 = -j\omega\mu\sigma$，我们得到

$$\boldsymbol{k}_t \times \boldsymbol{\mu}_p^{-1} \cdot (\boldsymbol{k}_t \times \boldsymbol{E}) + k^2 \boldsymbol{\sigma}_p \cdot \boldsymbol{E} = 0 \qquad (4.12)$$

$$\boldsymbol{k}_t \times \boldsymbol{\sigma}_p^{-1} \cdot (\boldsymbol{k}_t \times \boldsymbol{H}) + k^2 \boldsymbol{\mu}_p \cdot \boldsymbol{H} = 0 \qquad (4.13)$$

将公式（4.12）和（4.13）写成矩阵形式

$$\begin{bmatrix} k^2 b - c^{-1} k_{iz}^2 & 0 & c^{-1} k_{iz} k_{tx} \\ 0 & k^2 a - c^{-1} k_{tx}^2 - d^{-1} k_{iz}^2 & 0 \\ c^{-1} k_{iz} k_{tx} & 0 & k^2 a - c^{-1} k_{tx}^2 \end{bmatrix} \begin{bmatrix} E_x \\ E_y \\ E_z \end{bmatrix} = 0 \qquad (4.14)$$

$$\begin{bmatrix} k^2 d - a^{-1} k_{iz}^2 & 0 & a^{-1} k_{iz} k_{tx} \\ 0 & k^2 c - a^{-1} k_{tx}^2 - b^{-1} k_{iz}^2 & 0 \\ a^{-1} k_{iz} k_{tx} & 0 & k^2 c - a^{-1} k_{tx}^2 \end{bmatrix} \begin{bmatrix} H_x \\ H_y \\ H_z \end{bmatrix} = 0 \qquad (4.15)$$

将 $TE_y$ 和 $TM_y$ 模式从公式（4.14）和（4.15）中解耦，各自满足如下的色散关系：

$$k^2 a - c^{-1} k_{tx}^2 - d^{-1} k_{iz}^2 = 0, \quad TM_y \quad (H_y = 0) \qquad (4.16)$$

$$k^2 c - a^{-1} k_{tx}^2 - b^{-1} k_{iz}^2 = 0, \quad TE_y \quad (H_x, H_z = 0) \qquad (4.17)$$

对于 $TM_y$ 横磁模式的入射平面波，假设 $\boldsymbol{k}_i = \boldsymbol{e}_x k_{ix} + \boldsymbol{e}_z k_{iz}$，其中 $k_{ix}$ 表示入射波在 $x$ 方向上的波数。在 $x<0$ 的模拟区域主介质中，电场和磁场可以写为入射波与反射波之和。

$$\boldsymbol{E}_i = \boldsymbol{e}_y (1 + \Gamma\exp(2k_{ix}x)) E_0 \exp(-(k_{ix}x + k_{iz}z)) \qquad (4.18)$$

$$\boldsymbol{H}_i = \left( \boldsymbol{e}_x \frac{k_{iz}(1 + \Gamma\exp(2k_{ix}x))}{i\omega\mu} - \boldsymbol{e}_z \frac{k_{ix}(1 - \Gamma\exp(2k_{ix}x))}{i\omega\mu} \right) E_0 \exp(-(k_{ix}x + k_{iz}z))$$

$$(4.19)$$

其中 $\Gamma$ 表示反射系数。而单轴各向异性介质中的透射波电场可以写成：

$$\boldsymbol{E}_t = \boldsymbol{e}_y \tau E_0 \exp(-(k_{tx}x + k_{iz}z)) \qquad (4.20)$$

其中 $\tau$ 表示透射系数。根据公式（4.20），结合公式（4.10），我们可以得到透射波的磁场。

$$\boldsymbol{H}_t = \left( \boldsymbol{e}_x \frac{k_{iz}}{i\omega\mu d} - \boldsymbol{e}_z \frac{k_{tx}}{i\omega\mu c} \right) \tau E_0 \exp(-(k_{tx}x + k_{iz}z)) \qquad (4.21)$$

由于在 $x = 0$ 界面处，电场和磁场的切向分量具有连续性。根据公式

（4.18）、（4.19）、（4.20）和（4.21），可以计算出TM$_y$横磁模式的反射系数$\Gamma$和透射系数$\tau$为

$$\Gamma = \frac{k_{ix} - k_{tx}c^{-1}}{k_{ix} + k_{tx}c^{-1}} \tag{4.22}$$

$$\tau = \frac{2k_{ix}}{k_{tx}c^{-1} + k_{ix}} \tag{4.23}$$

从公式（4.22）中可以算出，$\Gamma = 0$的无反射条件为

$$k_{ix} = k_{tx}c^{-1} \tag{4.24}$$

如果$a = c$、$a = d^{-1}$，由公式（4.16）可以得出，有恒等式$(k_{tx}c^{-1})^2 = k^2 - k_{iz}^2 \equiv k_{ix}^2$。所以，只要单轴各向异性介质满足$a = c$和$a = d^{-1}$，则TM$_y$模式的反射系数$\Gamma$等于0。这种无反射条件与入射波的频率和入射角无关。

以上的推导也同样适用于TE$_y$横电模式，如果$a = c$、$c = b^{-1}$，由公式（4.17）可以得出，有恒等式$(k_{tz}a^{-1})^2 = k^2 - k_{ix}^2 \equiv k_{iz}^2$，同样使TE$_y$模式的反射系数$\Gamma$等于0。因此，如果$a = c = b^{-1} = d^{-1}$，一个任意极化方向的平面波入射到如图4.1所示的单轴各向异性介质中，并且该各向异性介质的相对本构参数张量满足公式（4.5）和（4.6），则入射波将会在界面上的反射系数为0。这种情况下，两种介质的阻抗完全匹配，因此该单轴各向异性介质可以被称作是完全匹配层（perfectly matched layer，PML）。因此，单轴各向异性完全匹配层也适用于扩散场方程。

对于以上推导，无反射的前提是$a = c = b^{-1} = d^{-1}$，没有其他额外要求。由于$a = c = b^{-1} = d^{-1}$，所以$\boldsymbol{\sigma}_p$与$\boldsymbol{\mu}_p$一致。我们将$\boldsymbol{\sigma}_p$和$\boldsymbol{\mu}_p$都统一记为$\boldsymbol{\Lambda}$，并把$a$、$b$、$c$和$d$表示为$s_i$的形式，其中$i$可以表示$x$、$y$和$z$方向，所以$\boldsymbol{\Lambda}$可以记为

$$\boldsymbol{\Lambda} = \begin{bmatrix} s_i^{-1} & 0 & 0 \\ 0 & s_i & 0 \\ 0 & 0 & s_i \end{bmatrix} \tag{4.25}$$

PML的目的是让电磁波在没有反射的情况下进入匹配层，并在有限厚度内将透射波衰减为0。因此，$\boldsymbol{\Lambda}$矩阵中的$s_i$需要精心设计。

在有耗介质中，Maxwell方程可以写为

$$\nabla \times \boldsymbol{H} = \sigma \boldsymbol{E} - j\omega \varepsilon_0 \varepsilon_r \boldsymbol{E} \tag{4.26}$$

$$\nabla \times \boldsymbol{E} = j\omega \mu_0 \boldsymbol{H} \tag{4.27}$$

在公式（4.26）和（4.27）中，$j\omega \varepsilon_0 \varepsilon_r \boldsymbol{E}$表示位移电流，$\sigma \boldsymbol{E}$表示传导电流。联立公式（4.26）和（4.27），我们可以得到电场的双旋度方程

$$\nabla \times \nabla \times \boldsymbol{E} + \left(-\omega^2 \varepsilon_r - j\omega \frac{\sigma}{\varepsilon_0}\right) \mu_0 \varepsilon_0 \boldsymbol{E} = 0 \tag{4.28}$$

在公式（4.28）中，我们令

$$\delta^2 = -\omega^2 \varepsilon_r - j\omega \frac{\sigma}{\varepsilon_0} \qquad (4.29)$$

求根号, 有

$$\delta = \frac{\sqrt{2}}{2} \omega \sqrt{\varepsilon_r} \left( \sqrt{\sqrt{1+\left(\frac{\sigma}{\omega\varepsilon_0\varepsilon_r}\right)^2}-1} -j \cdot \sqrt{\sqrt{1+\left(\frac{\sigma}{\omega\varepsilon_0\varepsilon_r}\right)^2}+1} \right) \qquad (4.30)$$

PML 中 $s_i$ 参数可以定义为 (Rylander and Jin, 2004)

$$s_i = 1 + \frac{\sigma_i}{\delta\varepsilon_0} \qquad (4.31)$$

其中, $\sigma_i$ 为 PML 的衰减因子。将公式 (4.30) 代入公式 (4.31), 我们便可得到 PML 参数 $s_i$ 的公式:

$$s_i = 1 + \frac{\sqrt{2}\,\sigma_i}{\omega \sqrt{\varepsilon_r} \left( \sqrt{\sqrt{1+\left(\frac{\sigma}{\omega\varepsilon_0\varepsilon_r}\right)^2}-1} -j \cdot \sqrt{\sqrt{1+\left(\frac{\sigma}{\omega\varepsilon_0\varepsilon_r}\right)^2}+1} \right)\varepsilon_0} \qquad (4.32)$$

该 PML 的 $s_i$ 形式适用于高频波动方程和低频扩散方程, 适合全频带的模拟区域截断。

在高频极限 ($\sigma \ll \omega\varepsilon_0\varepsilon_r$) 时, 求取极限, 公式 (4.32) 简化为

$$s_i = 1 - \frac{\sigma_i}{j\omega\varepsilon_0 \sqrt{\varepsilon_r}} \qquad (4.33)$$

这便是常规的 UPML 参数形式, 它适用于高频波动场的模拟区域截断。通常, $\sqrt{\varepsilon_r}$ 会被合并到 $\sigma_i$ 参数中 (Gedney, 1996)。需要注意的是这里的时谐因子为 $e^{-i\omega t}$, 倘若时谐因子为 $e^{i\omega t}$, 公式 (4.33) 改成:

$$s_i = 1 + \frac{\sigma_i}{j\omega\varepsilon_0 \sqrt{\varepsilon_r}} \qquad (4.34)$$

另外, Gedney (1996) 提出, 对于截断有耗介质, 为了提升效果, 可以将 (4.33) 修改为

$$s_i = \kappa_i - \frac{\sigma_i}{j\omega\varepsilon_0 \sqrt{\varepsilon_r}} \qquad (4.35)$$

其中, $\kappa_i$ 为新引入的 PML 参数。

在低频极限 ($\sigma \gg \omega\varepsilon_0\varepsilon_r$) 时, 求取极限, 公式 (4.32) 简化为

$$s_i = 1 + \frac{\sqrt{2}\,\sigma_i}{(1-j)\sqrt{\omega\varepsilon_0\sigma}} \qquad (4.36)$$

其中, $\sigma$ 表示主介质的电导率。需要注意的是, $\sigma$ 和 $\sigma_i$ 具有完全不同的含义。该 $s_i$ 形式适合于低频扩散场的模拟区域截断。

以 $TM_y$ 模式为例, 在模拟区域介质与完全匹配层的分界面上, 由于反射系数

为 0，透射系数等于 1。根据公式（4.18）和（4.20），我们可以将入射电场 $E_i$ 和透射电场 $E_t$ 写为

$$E_i = e_y E_0 \exp(-(k_{ix}x + k_{iz}z)) \tag{4.37}$$

$$E_t = e_y E_0 \exp(-(k_{tx}x + k_{iz}z)) \tag{4.38}$$

另外，根据 PML 的无反射条件有 $k_{tx} = k_{ix}s_x$，因此，在 PML 区域内的透射电场可以表示为

$$E_t = e_y E_0 \exp(-(k_{ix}s_x x + k_{iz}z)) \tag{4.39}$$

根据公式（4.28），有耗介质中电磁波的波数可以表示为

$$k = \frac{1}{\sqrt{2}}\omega\sqrt{\mu_0\varepsilon_0\varepsilon_r}\left(\sqrt{\sqrt{1+\left(\frac{\sigma}{\omega\varepsilon_0\varepsilon_r}\right)^2}-1} - j\cdot\sqrt{\sqrt{1+\left(\frac{\sigma}{\omega\varepsilon_0\varepsilon_r}\right)^2}+1}\right) \tag{4.40}$$

$x$ 方向的波数 $k_{ix}$ 可以写为

$$k_{ix} = k\cos\theta \tag{4.41}$$

其中 $\theta$ 是相对于 $x$ 方向的入射角。假设主介质是普通有耗介质，将公式（4.32）中的 $s_i$ 参数和公式（4.41），代入到公式（4.39）中，我们可以得到截断普通有耗介质的 PML 内的透射电场。

$$E_t = e_y E_0 \exp(-k_{ix}x - k_{iz}z)\exp\left(-\sigma_i\sqrt{\frac{\mu_0}{\varepsilon_0}}\cos\theta\cdot x\right) \tag{4.42}$$

其中第一个指数项与公式（4.37）中的入射波具有相同的形式，第二个指数项是 PML 提供的衰减项。它表明 PML 的吸收能力与入射角 $\theta$，透射深度 $x$ 和参数 $\sigma_i$ 密切有关，而与频率、主介质的相对介电常数和电导率无关。因此，公式（4.32）中的 $s_i$ 参数可以在不同频率和不同的介质上实现稳定的吸收性能。

在波动场中，主介质中的波数表示为

$$k = -j\omega\sqrt{\mu_0\varepsilon_0\varepsilon_r} \tag{4.43}$$

将公式（4.43）中的波数、公式（4.41）和公式（4.33）中的 $s_i$ 代入到公式（4.39）中，我们可以得到，截断波动场的 PML 内，透射电场与公式（4.42）完全相同。因此，UPML 截断波动场模拟区域也可以获得与频率和主介质参数无关的稳定性能。

在扩散场中，主介质中的波数表示为

$$k = \sqrt{-j\omega\mu_0\sigma} \tag{4.44}$$

将公式（4.44）中的扩散场波数、公式（4.41）和公式（4.36）中的 $s_i$ 代入到公式（4.39）中，我们也可以得到与公式（4.42）一样的 PML 区域透射电场表达形式。可以看出，扩散场和波动场虽然具有不同的波数，但是采用各自的 $s_i$ 参数，PML 的吸收性能能够保持稳定，与主介质的本构参数和频率无关。

倘若我们依然采用传统的 UPML 公式，也即公式（4.33）中的 $s_i$ 去截断扩

散场的模拟区域。我们将公式（4.44）中的扩散场波数、公式（4.41）和公式（4.33）中的 $s_i$ 代入到公式（4.39）中，可以得到 PML 区域内的透射电场为

$$\boldsymbol{E}_t = \boldsymbol{e}_y E_0 \exp(-(k_{ix}x + k_{iz}z))$$

$$\exp\left(-j\left(\sqrt{\frac{\mu_0\sigma}{2\omega\varepsilon_r}}\frac{1}{\varepsilon_0}\sigma_i\cos\theta \cdot x\right)\right)\exp\left(-\left(\sqrt{\frac{\mu_0\sigma}{2\omega\varepsilon_r}}\frac{1}{\varepsilon_0}\sigma_i\cos\theta \cdot x\right)\right) \quad (4.45)$$

第一个指数项与入射波的相同。第二个指数项是 UPML 提供的波动项，它不影响透射波的衰减。最后一个指数项是 UPML 提供的衰减项，它表明 UPML 在扩散场截断中的吸收能力将会依赖于主介质的电导率 $\sigma$ 和角频率 $\omega$。不同的频率和不同的模拟区域电导率将会让 UPML 产生不同的吸收能力。频率越低，UPML 中的透射波衰减速率越快。对于一个较低的频率，在数值模拟方法中，透射电磁波甚至能在一个 PML 网格单元内衰减完毕，这将导致巨大的离散误差（Wrenger，2002），因此 UPML 并不适合扩散场的模拟区域截断。

对于传统的 CFS-PML，其在 UPML 基础上改进而来，假设 $\varepsilon_r$ 等于 1，CFS-PML 的 $s_i$ 可以写为

$$s_i = \kappa_i + \frac{\sigma_i}{\alpha_i - j\omega\varepsilon_0} \quad (4.46)$$

其中 $\kappa_i$，$\sigma_i$ 和 $\alpha_i$ 是 CFS-PML 的参数。当 $\omega\varepsilon_0 \ll \alpha_i$ 时，也即 $f \ll \dfrac{\alpha_i}{2\pi\varepsilon_0}$ 时，CFS-PML 将退化为实数坐标拉伸：

$$s_i = \kappa_i + \frac{\sigma_i}{\alpha_i} \quad (4.47)$$

根据公式（4.39），PML 中的透射波可以写为

$$\boldsymbol{E}_t = \boldsymbol{e}_y E_0 \exp\left(-k_{ix}\left(\kappa_i + \frac{\sigma_i}{\alpha_i}\right)x\right)\exp(-k_{iz}z) \quad (4.48)$$

因此 PML 此时没有吸收能力（Berenger，2002），而是对 $x$ 方向上的 PML 单元厚度进行拉伸。在 CFS-PML 中，倘若 $f \gg \dfrac{\alpha_i}{2\pi\varepsilon_0}$，也即 $\alpha_i \ll \omega\varepsilon_0$，那么公式（4.46）将会退化为 UPML 形式。通常完全匹配层的单元数目较少，12 层甚至更少，因此在扩散场中应用 CFS-PML 的关键就是需要在公式中（4.47）寻找一个合适的 $s_i$ 值，尤其是 $\dfrac{\sigma_i}{\alpha_i}$ 值，以获得几倍趋肤深度的网格延拓长度。

为了提高 PML 对扩散场的吸收性能，我们将公式（4.36）修改为

$$s_i = \kappa_i + \frac{\sqrt{2}\sigma_i}{(\alpha_i - j)\sqrt{\omega\varepsilon_0\sigma}} \quad (4.49)$$

其中 $\kappa_i$，$\sigma_i$ 和 $\alpha_i$ 是 PML 的特征参数（Yang et al.，2020a）。在之后的数值模拟

中，我们将采用该 $s_i$ 形式进行 WEM 的数值仿真。在数值模拟的离散空间中，为减少主介质与 PML 分界面上不连续性引起的巨大杂散波反射，Berenger（1994）指出，在垂直于分界面的方向上，PML 的吸收应当从零逐渐增加。因此，$\kappa_i$，$\sigma_i$ 和 $\alpha_i$ 参数将采取空间渐变的方式而不是常数。在远离分界面的方向上，$\kappa_i$ 和 $\sigma_i$ 的值逐渐增加，$\alpha_i$ 的值逐渐减小。为了达到一个从 PML 界面开始较为平坦，然后在 PML 深层内较为陡峭的分布，我们采用指数空间分布。假设 PML 的网格单元大小是均匀的，并且 PML 的总厚度有限，我们给出 PML 的特征参数 $\kappa_i$，$\sigma_i$ 和 $\alpha_i$ 的空间分布如下：

$$\begin{cases} \kappa_i = 1 + \kappa_{max}\left(\exp\left(m \cdot \dfrac{x}{d}\right) - 1\right) \\ \sigma_i = \dfrac{\sigma_{max}}{\Delta x} \cdot \sqrt{\dfrac{\varepsilon_0}{\mu_0}}\left(\exp\left(m \cdot \dfrac{x}{d}\right) - 1\right) \\ \alpha_i = \alpha_{max}\left(\exp\left(m \cdot \left(1 - \dfrac{x}{d}\right)\right) - 1\right) \end{cases} \quad (4.50)$$

其中，$\Delta x$ 是 PML 单元厚度，$x$ 表示每个 PML 单元中心到主介质与 PML 分界面处的距离，$d$ 是 PML 层的总厚度，$m$ 是一个常数。在公式（4.50）中，$\kappa_{max}$、$\sigma_{max}$ 和 $\alpha_{max}$ 可以分别控制 $\kappa_i$，$\sigma_i$ 和 $\alpha_i$ 的最大值。在 PML 的外边界处，我们采用完全电导体（PEC）边界条件终止整个计算区域。应用 PML 时，如果 PML 的吸收能力较弱，则透射波将会从 PEC 边界反射回来。但如果 PML 的吸收能力太强，则会导致巨大的数值离散误差。故在使用 PML 时，需要平衡来自 PEC 边界的反射误差和数值离散误差，所以 $\kappa_{max}$，$\sigma_{max}$ 和 $\alpha_{max}$ 值的选取至关重要。我们将 $\kappa_{max}$、$\sigma_{max}$ 和 $\alpha_{max}$ 的最佳值记为 $\kappa_{opt}$，$\sigma_{opt}$ 和 $\alpha_{opt}$。

另外，参数 $\sigma_i$ 是 PML 深度 $x$ 的函数，在 PML 的外边界被 PEC 边界截断的情况下。根据文献（Taflove and Hagness，2005）中的公式（7.59），可以将 PML 的反射系数定义为

$$R = \exp\left(-2\sqrt{\dfrac{\mu_0}{\varepsilon_0}}\cos\theta\int_0^d \sigma_i(x)\,\mathrm{d}x\right) \quad (4.51)$$

其中 $\sigma_i(x)$ 是公式（4.50）中类似的渐变分布，可以写为系数是（$\sigma_{max}/\Delta x$）的函数，即 $\sigma_i = (\sigma_{max}/\Delta x) \cdot f(x)$，其中 $\Delta x$ 是 PML 每层单元的厚度。然后把中的积分写成离散形式，则离散的 PML 的反射系数可以表示为

$$R = \exp\left(-2\sqrt{\dfrac{\mu_0}{\varepsilon_0}}\cos\theta\sum_{i=1}^N \left((\sigma_{max}/\Delta x) \cdot f\left(\dfrac{i}{N}\right) \cdot \Delta x\right)\right) \quad (4.52)$$

其中 $N$ 是 PML 单元的总数，$i$ 是每层 PML 单元的编号。可以看到，公式（4.52）中 PML 单元厚度 $\Delta x$ 被抵消了，所以 PML 的反射系数与 PML 每层单元的厚度 $\Delta x$

无关，但与 PML 的单元数目 $N$ 有关。这极大方便了 PML 的应用，只要 PML 层数保持不变，PML 的单元厚度可以根据需要任意设置而不会影响反射系数，因此方便适用于不同场景下的仿真需求。如文献（Zhang et al., 2019）中所述，在波动场中，通过调整 $s_i$ 中的虚部，PML 性能将与 PML 单元厚度 $\Delta x$ 无关。因此，在波动场和扩散场中，PML 的吸收性能对 PML 单元厚度不敏感。

## 4.2　完全匹配层的有限元分析

由于 PML 适用于外行波的截断，因此我们需要将总电场的计算分解为一次场和二次场的独立计算。一次场 $E_p$ 一般采用解析解或者数值方法计算，二次场 $E_s$ 采用有限单元法计算。在三维 WEM 二次场计算中，模拟和 PML 区域中的电场可以表示为

$$\nabla\times\left(\frac{1}{\Lambda}\nabla\times E_s\right)-(j\omega\mu_0\sigma+\omega^2\mu_0\varepsilon_0\varepsilon_r)\Lambda\cdot E_s=j\omega\mu_0(\sigma-\sigma_p)\Lambda\cdot E_p \quad (4.53)$$

其中，$\sigma$ 是模拟区域的电导率，$\sigma_p$ 为计算一次场时的背景电导率。在目标模拟区域中，$\Lambda$ 等于单位矩阵；在 PML 区域中，$\Lambda$ 采取如下形式：

$$\Lambda=\begin{bmatrix} \dfrac{s_y s_z}{s_x} & 0 & 0 \\ 0 & \dfrac{s_x s_z}{s_y} & 0 \\ 0 & 0 & \dfrac{s_x s_y}{s_z} \end{bmatrix} \quad (4.54)$$

其中 $s_i$ （$i=x$, $y$, $z$）采用公式（4.49）中的形式。

以三维棱边基有限单元法为例，假设网格单元是矩形块。使用矢量格林函数以及加权余量法，公式（4.53）可以写成：

$$\iiint_{\Omega}(\nabla\times v)\cdot\frac{1}{\Lambda}\cdot(\nabla\times E_s)\mathrm{d}\Omega-\iiint_{\Omega}(j\omega\mu_0\sigma+\omega^2\mu_0\varepsilon_0\varepsilon_r)v\cdot\Lambda\cdot E_s\mathrm{d}\Omega$$

$$=\iiint_{\Omega}j\omega\mu_0(\sigma-\sigma_p)v\cdot\Lambda\cdot E_p\mathrm{d}\Omega \quad (4.55)$$

其中，$v$ 表示加权函数。采用 Galerkin 方法，即权函数 $v$ 等于棱边基函数 $N_j^e$。且基函数 $N_j^e$ 仅在自身单元 $e$ 内不为 0，因此我们可以将上式写为

$$\sum_{j=1}^{12}E_{sj}^e\iiint_{\Omega^e}(\nabla\times N_i^e)\cdot\frac{1}{\Lambda}\cdot(\nabla\times N_j^e)\mathrm{d}\Omega$$

$$-\sum_{j=1}^{12}E_{sj}^e\iiint_{\Omega^e}(j\omega\mu_0\sigma+\omega^2\mu_0\varepsilon_0\varepsilon_r)N_i^e\cdot\Lambda\cdot N_j^e\mathrm{d}\Omega$$

$$= \sum_{j=1}^{12} E_{pj}^e \iiint_{\Omega^e} j\omega\mu_0 (\sigma - \sigma_p) \, \boldsymbol{N}_i^e \cdot \boldsymbol{\Lambda} \cdot \boldsymbol{N}_j^e \mathrm{d}\Omega \tag{4.56}$$

该公式共有 $12 \times Ne$ 种选择。将单元积分项记为

$$\begin{cases} \boldsymbol{K}_{1ij}^e = \iint_{\Omega^e} (\nabla \times \boldsymbol{N}_i^e) \cdot \dfrac{1}{\boldsymbol{\Lambda}} \cdot (\nabla \times \boldsymbol{N}_j^e) \, \mathrm{d}\Omega \\[3mm] \boldsymbol{K}_{2ij}^e = \iint_{\Omega^e} (j\omega\mu_0\sigma + \omega^2\mu_0\varepsilon_0\varepsilon_r) \, \boldsymbol{N}_i^e \cdot \boldsymbol{\Lambda} \cdot \boldsymbol{N}_j^e \, \mathrm{d}\Omega \\[3mm] \boldsymbol{K}_{pij}^e = \iint_{\Omega^e} j\omega\mu_0 (\sigma - \sigma_p) \, \boldsymbol{N}_i^e \cdot \boldsymbol{\Lambda} \cdot \boldsymbol{N}_j^e \mathrm{d}\Omega \end{cases} \tag{4.57}$$

其中，

$$\iiint_{\Omega^e} \boldsymbol{N}_i^e \cdot \boldsymbol{\Lambda} \cdot \boldsymbol{N}_j^e \mathrm{d}\Omega$$

$$= \begin{bmatrix} N_x & 0 & 0 \\ 0 & N_y & 0 \\ 0 & 0 & N_z \end{bmatrix} \begin{bmatrix} \dfrac{s_y s_z}{s_x} & 0 & 0 \\ 0 & \dfrac{s_x s_z}{s_y} & 0 \\ 0 & 0 & \dfrac{s_x s_y}{s_z} \end{bmatrix} \begin{bmatrix} N_x & 0 & 0 \\ 0 & N_y & 0 \\ 0 & 0 & N_z \end{bmatrix}$$

$$= \begin{bmatrix} s\dfrac{s_z}{s_x} N_x N_x & 0 & 0 \\ 0 & \dfrac{s_x s_z}{s_y} N_y N_y & 0 \\ 0 & 0 & \dfrac{s_x s_y}{s_z} N_z N_z \end{bmatrix} \tag{4.58}$$

$$\iiint_{\Omega^e} (\nabla \times \boldsymbol{N}_i^e) \cdot \dfrac{1}{\boldsymbol{\Lambda}} \cdot (\nabla \times \boldsymbol{N}_j^e) \, \mathrm{d}\Omega$$

$$= \begin{bmatrix} 0 & \dfrac{\delta N_x}{\delta z} & -\dfrac{\delta N_x}{\delta y} \\[2mm] -\dfrac{\delta N_y}{\delta z} & 0 & \dfrac{\delta N_y}{\delta x} \\[2mm] \dfrac{\delta N_z}{\delta y} & -\dfrac{\delta N_z}{\delta x} & 0 \end{bmatrix} \begin{bmatrix} \dfrac{s_x}{s_y s_z} & 0 & 0 \\[2mm] 0 & \dfrac{s_y}{s_x s_z} & 0 \\[2mm] 0 & 0 & \dfrac{s_z}{s_x s_y} \end{bmatrix} \begin{bmatrix} 0 & -\dfrac{\delta N_y}{\delta z} & \dfrac{\delta N_z}{\delta y} \\[2mm] \dfrac{\delta N_x}{\delta z} & 0 & -\dfrac{\delta N_z}{\delta x} \\[2mm] -\dfrac{\delta N_x}{\delta y} & \dfrac{\delta N_y}{\delta x} & 0 \end{bmatrix}$$

$$= \begin{bmatrix} \dfrac{s_y}{s_x s_z}\dfrac{\delta N_x}{\delta z}\dfrac{\delta N_x}{\delta z} + \dfrac{s_z}{s_x s_y}\dfrac{\delta N_x}{\delta y}\dfrac{\delta N_x}{\delta y} & -\dfrac{s_z}{s_x s_y}\dfrac{\delta N_x}{\delta y}\dfrac{\delta N_y}{\delta x} & -\dfrac{s_y}{s_x s_z}\dfrac{\delta N_x}{\delta z}\dfrac{\delta N_z}{\delta x} \\[3mm] -\dfrac{s_z}{s_x s_y}\dfrac{\delta N_y}{\delta x}\dfrac{\delta N_x}{\delta y} & \dfrac{s_z}{s_x s_y}\dfrac{\delta N_y}{\delta x}\dfrac{\delta N_y}{\delta x} + \dfrac{s_x}{s_y s_z}\dfrac{\delta N_y}{\delta z}\dfrac{\delta N_y}{\delta z} & -\dfrac{s_x}{s_y s_z}\dfrac{\delta N_y}{\delta z}\dfrac{\delta N_z}{\delta y} \\[3mm] -\dfrac{s_y}{s_x s_z}\dfrac{\delta N_z}{\delta x}\dfrac{\delta N_x}{\delta z} & -\dfrac{s_x}{s_y s_z}\dfrac{\delta N_z}{\delta y}\dfrac{\delta N_y}{\delta z} & \dfrac{s_x}{s_y s_z}\dfrac{\delta N_z}{\delta y}\dfrac{\delta N_z}{\delta y} + \dfrac{s_y}{s_x s_z}\dfrac{\delta N_z}{\delta x}\dfrac{\delta N_z}{\delta x} \end{bmatrix}$$

$$\tag{4.59}$$

通过将公式（4.58）、（4.59）与公式（3.14）对比可以看出，加载 PML 的有限单元法并不需要引入额外的复杂计算，只需在单元积分时添加 $\Lambda$ 项即可。因此，PML 可以较方便地应用到频域有限元法的电磁模拟中。之后按照上一章介绍的方法，将局部棱边映射到全局棱边，合并同类项，得到最终的大型稀疏有限元方程组。求解方程组后，得到电场场值。对于离散的模拟区域，在进行有限元计算时，需要先确定好 PML 的最佳参数，如 $\kappa_{\mathrm{opt}}$，$\sigma_{\mathrm{opt}}$ 和 $\alpha_{\mathrm{opt}}$ 等。已有文献（Yang et al.，2020a；冯德山和王珣，2017；Correia and Jin，2005）中已经详细介绍了如何寻找最佳的参数，在此不再赘述。第 2 章已对一维简单模型做了测试，对比了有限元中不同 PML 公式的吸收性能，在此不再赘述。

## 4.3　应用完全匹配层的三维 WEM 算例

所有 PML 推导，包括 UPML 和 CFS-PML，都是基于平面波假设。但是二维或三维仿真中，往往外行波是接近圆柱波或球面波，并且外行波会以一定角度入射到 PML 中，因此 PML 对二维和三维的吸收性能将有略微下降。另外，在三维 WEM 模拟中需要考虑空气层，空气层和地球介质的分界面会一直延伸到模拟区域的四周。因此，地下介质和空气层会形成一个电导率有着巨大差异的层状模型，而层状模型对于 PML 的应用是一个巨大的挑战，而空气和地球介质电导率差异巨大的 WEM 模型更甚。Gedney 和 Taflove（1998）指出，对于层状模型，PML 仍然可以完全匹配，但是，根据高斯定律对 PML 的要求，为了避免在 PML 与模拟区域分界面处存在表面电荷，PML 中 $s_i$ 参数必须在每侧的横向上是均匀的。这就需要 $s_i$ 参数中涉及的模拟区域的本构参数在 PML 的每一侧是均匀的。对于高频波动方程，$s_i$ 参数中的主要本构参数是介电常数。自然界不同介质的相对介电常数差异较小，最常见的介质的相对介电常数的范围通常为 $1 \sim 81$，因此可以使用模拟区域内介质的平均相对介电常数。此外 PML 的参数 $\kappa_{\mathrm{opt}}$、$\sigma_{\mathrm{opt}}$ 和 $\alpha_{\mathrm{opt}}$ 有一定宽度的适用范围，因此，高频扩散场中，在层状模型上应用 PML 仍然可以取得较好的网格截断效果。但是，对于低频扩散场，如公式（4.49）中的分母所示，PML 中 $s_i$ 参数的主要本构参数是电导率。但是，空气与地球介质之间的电导率差异巨大，同样地，为了避免由电导率差异引起的侧面 $s_i$ 的不连续性，我们必须尝试使用一个均匀的电导率代入到 $s_i$ 中。根据大量的数值实验，我们发现直接采用地球背景介质的电导率来设置整个模型的 $s_i$ 可以获得被认可的效果。PML 仍然可以完全匹配空气和地球介质，但是穿透到这两种介质的透射波将拥有不同的波数，而 $s_i$ 中的电导率都为地球背景介质的电导率，会使得空气和地球介质中的 PML 产生的吸收率完全不同，从而影响 PML 对层状模型吸收效果。但通过仔细选择 $\kappa_{max}$、$\sigma_{max}$ 和 $\alpha_{max}$，PML 对 WEM 模型仍然能够达到可接受的截断性能。

### 4.3.1　模型 1

为了测试 PML 在三维 WEM 正演模拟中的可行性，我们还是采用 COMMEMI 3D-1A 模型（Zhdanov et al., 1997），如图 4.4 所示，称为模型 1，并采用 PML 的正演结果与常规的大距离网格延拓方法的结果进行对比。地球背景介质的电导率为 $10^{-2}$ S/m，空气层的电导率为 $10^{-8}$ S/m。地下 250 m 处存在一个 1000 m×2000 m× 2000 m 的低阻棱柱体，电导率为 2 S/m。模拟区域内，$x$ 和 $y$ 方向上网格边长为 250 m。在 $z$ 方向上，除地表之下 5 个单元的厚度分别为 5 m、5 m、5 m、117.5 m、117.5 m 外，其余单元的厚度仍为 250 m。模拟区域内，$x$ 和 $y$ 方向上的单元数目为 16，$z$ 方向上在地下部分有 15 个单元，在地上部分有 4 层的空气层，空气层的总厚度为 1000 m。地面上的观测区域范围在 $x$ 和 $y$ 方向上为 –2000 m 至 2000 m。在模拟区域的外边界处，我们添加了 6 层单元的 PML 用来吸收二次场。PML 的每层单元厚度为 50 m，故每侧 PML 总厚度为 300 m，远小于 0.1 Hz 的电磁波在地下介质内的趋肤深度。该模型中的单元总数为 28×28×29，方程自由度为 73109。图 4.2 的右图中由于空气电导率差异太大，为了成图美观，故地面上方空气未画出，图中白色三角形表示测点。通过三维数值试验，在三维模型中，PML 的 $s_i$ 参数设置为 $m=1$、$\kappa_{opt}=36$、$\sigma_{opt}=0.24$ 和 $\alpha_{opt}=10$ 时，可以取得较好的效果。假设两个相互正交的发射电流源在异常体中心左侧 800 km 处，发射电流源长度为 100 km，电流为 100 A。背景模型的一次场采用 Dipole1D 进行计算，一次场计算需要考虑到电离层，正演频率为 0.1 Hz 和 10 Hz。

为了验证采用 PML 模型的正确性，我们将其结果与 3.5 节中的大距离网格延拓的计算结果进行对比。计算机的 CPU 为 Intel® Xeon® CPU E5-2630 v3 @ 2.40 GHz，内存为 224 G。对于这两个频率点，PML 方法需要 6 分钟，而大距离网格延拓方法则需要约 56 分钟，PML 方法所用的时间仅为大距离网格延拓方法的 10.71%。因此，采用 PML 方法截断的正演模型的时间要更少一些。

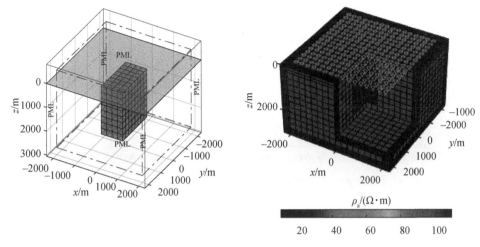

图 4.2  COMMEMI3D 模式示意图（含 PML）

以 $x$ 方向的发射电流源工作时为例，研究采用 PML 方法时模拟区域内电场曲线形态。图 4.3 是频率为 0.1 Hz 时，在不同方向上的 PML 方法与网格延拓方法之间的 $E_x$ 电场曲线比较。在图 4.3（a）中，带有圆圈的虚线表示 PML 方法沿着 $z$ 轴的总电场，带有实心圆圈的实线表示大距离网格延拓方法的总电场。结果表明，在空气和地球介质中，PML 方法的曲线与网格延拓方法的总场曲线比较吻合。在两侧的 PML 区域，二次场逐渐消失，所以 PML 方法的总电场逐渐接近一次场。图 4.3（b）、（c）和（d）是分别表示在 $x$ 方向、$y$ 方向和 $z$ 方向上 PML 方法和网格延拓方法之间的二次电场 $E_x$ 的比较。可以看出，在地球介质内部，使用 PML 方法的二次电场与大距离网格延拓法的电场高度吻合。图 4.3 中有效模拟区域内最大相对误差为 0.84%。异常体引起的二次场入射到 PML 中，并且 PML 内的电磁波在其有限距离内迅速衰减为 0。然而，在常规的大距离网格延拓方法中，二次场需要几倍的趋肤深度才能自然衰减殆尽。因此大距离网格延拓方

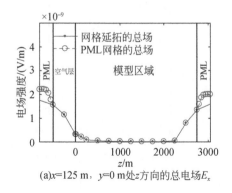

(a)$x$=125 m，$y$=0 m 处 $z$ 方向的总电场 $E_x$

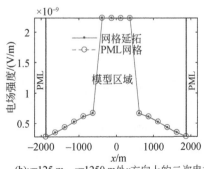

(b)$y$=125 m，$z$=1250 m 处 $x$ 方向上的二次电场 $E_x$

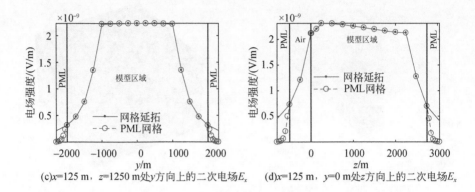

(c)$x=125$ m，$z=1250$ m处$y$方向上的二次电场$E_x$　　(d)$x=125$ m，$y=0$ m处$z$方向上的二次电场$E_x$

图4.3　频率为0.1 Hz时，PML方法和网格延拓方法之间的电场比较

法需要非常大的距离，该距离远大于 PML 的总厚度。而且大距离网格延拓方法的单个网格不能过大，否则会在高频时引起较大的数值离散误差。图4.4 与图4.3 的含义相同，只是频率为 10 Hz，在此不再赘述，其有效模拟区域内最大相对误差为0.98%。

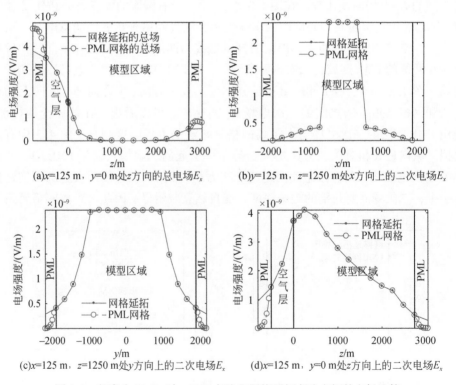

(a)$x=125$ m，$y=0$ m处$z$方向的总电场$E_x$　　(b)$y=125$ m，$z=1250$ m处$x$方向上的二次电场$E_x$

(c)$x=125$ m，$z=1250$ m处$y$方向上的二次电场$E_x$　　(d)$x=125$ m，$y=0$ m处$z$方向上的二次电场$E_x$

图4.4　频率为 10 Hz时，PML方法和网格延拓方法之间的电场比较

图 4.5 分别是 0.1 Hz 和 10 Hz 时，$x$ 方向的电流发射源工作时，采用 PML 方法截断的正演模拟在有效模拟区域内的 $E_x$ 总场和 $E_x$ 二次场。图 4.5（a）是 0.1 Hz 时 PML 方法的 $E_x$ 总场的三维切片图，图 4.5（b）是对应的 $E_x$ 二次场的三维切片图。在异常体所在区域，二次场强度较大。从图 4.3（b）和图 4.3（c）中同样可以看出，异常体所在范围内二次场较强。图 4.5（c）和 4.5（d）与图 4.5（a）和图 4.5（b）的含义一致，频率为 10 Hz，可以看出 10 Hz 时二次场幅值要更大一些。

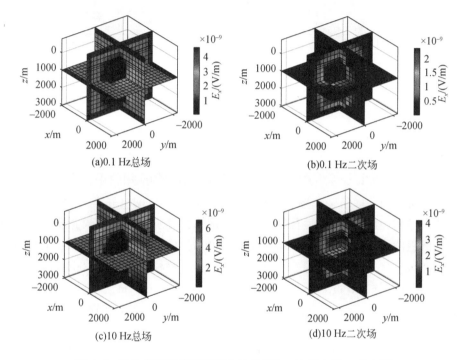

图 4.5　PML 截断的模拟区域内的总场和二次场电场 $E_x$ 分布图

图 4.6 分别是频率为 0.1 Hz 和 10 Hz 时经过异常体在地面投影点的沿 $x$ 方向的测线上，$xy$ 模式的视电阻率曲线对比。在图 4.6（a）和图 4.6（b）中，误差棒是由原始 COMMEMI 项目提供的，该项目给出了不同研究人员在 1997 年计算的视电阻率范围。从图 4.6 可以看出，采用 PML 截断模拟区域的正演结果与传统的大距离网格渐变延拓方法的正演结果高度吻合。这表明 PML 可以获得较高的精度，可以适用于 WEM 的三维响应仿真。经过计算，与大距离网格延拓方法相比，两个频率点的采用 PML 方法的视电阻率和相位的最大相对误差分别为 0.11% 和 0.004%。由于大距离网格延拓方法的网格数目更多，且网格质量较好，可以被认为是高质量的参考结果。所以 6 层网格的 PML 可以实现与大距离网格

延拓方法相当的截断性能，但 PML 方法可以节省部分计算时间和内存。因此，PML 技术是 WEM 正演中一种很好的替代边界条件。

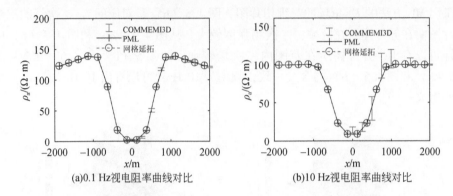

图 4.6　采用 PML 截断模拟区域的视电阻率曲线与传统方法曲线对比

### 4.3.2　模型 2

为了进一步验证完全匹配层在 WEM 三维正演中的应用效果，我们建立一个如图 4.7 所示的三维模型，称为模型 2。地球背景介质的电导率为 $10^{-3}$ S/m，空气层的电导率为 $10^{-8}$ S/m。地下存在两个异常体，分别相对于背景介质为高阻和低阻。低阻棱柱体大小为 2000 m×500 m×250 m，顶面埋深 1500 m，中心坐标为（0，1000 m，1625 m），电导率为 0.1 S/m。高阻棱柱体大小为 1000 m×500 m×250 m，顶面埋深 500 m，中心坐标为（0，−1000 m，625 m），电导率为 0.0005 S/m。模拟区域内，$x$ 和 $y$ 方向上的单元数目为 16，$z$ 方向上在地下部分有 14 个单元，在地上部分有 1 层的空气层，空气层的总厚度为 250 m。地面上的观测区域范围在 $x$ 和 $y$ 方向上为−2000～2000 m。在模拟区域的外边界处，我们添加了 6 层单元的 PML 用来吸收二次场。PML 的参数设置与上节模型 1 的设置完全相同。该模型中的单元总数为 28×28×27，方程自由度为 68179。为了对比采用 PML 截断的正演模型的仿真结果，我们同样建立一个在目标研究区域外围使用大距离网格延伸的参考模型。每侧延伸的网格数为 12，每侧延伸的总厚度为 $7.3×10^7$ m。采用大距离网格延拓方法的模型单元总数为 40×40×39，方程自由度为 196759。两个相互正交的发射电流源在异常体中心左侧 $x=−650$ km，y=0 处，发射电流源长度为 100 km，电流为 100 A。背景模型的一次场采用 Dipole1D 进行计算，一次场计算考虑电离层，正演的频率为 0.1 Hz 和 100 Hz。

采用 PML 方法和大距离的网格延拓方法对该模型进行正演，PML 方法二次场计算耗时为 9 分钟，大距离的网格延拓方法二次场计算耗时为 83 分钟。图 4.8

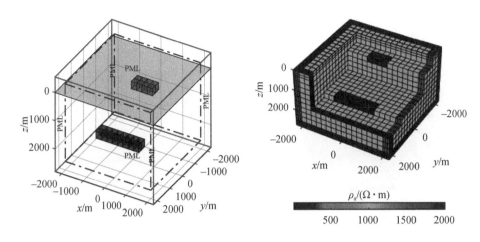

图 4.7　三维 WEM 模型 2 示意图 (含 PML)

为 0.1 Hz 时两种方法的正演结果。图 4.8 给出了张量阻抗计算的 $xy$ 和 $yx$ 模式视电阻率和相位,第一列为采用 PML 方法计算的视电阻率和相位,第二列为采用传统的大距离网格延拓方法计算的视电阻率和相位,可以初步看出两种方法计算出的数据高度一致。对两种方法计算的视电阻率和相位分别求出对应的相对误差,如图 4.8 中第三列所示。图中,$xy$ 模式视电阻率、$yx$ 模式视电阻率、$xy$ 模式相位和 $yx$ 模式相位的最大相对误差分别为 0.04%、0.015%、0.0092% 和 0.013%。图 4.9 是 100 Hz 时的计算结果,该图中的含义与图 4.8 完全相同,在此不再展开。100 Hz 时,$xy$ 模式视电阻率、$yx$ 模式视电阻率、$xy$ 模式相位和 $yx$ 模式相位的最大相对误差分别为 0.027%、0.0088%、0.044% 和 0.0074%。从该模型的正演结果看出,与模型 1 相比,虽然模型 2 的背景电阻率、收发距以及异常体分布都发生了改变,但是采用上节模型 1 中所使用的 PML 参数,依然可以得到精度较好的正演结果。这也说明了 PML 方法具有较宽的适用范围和稳定性,不改变 PML 的参数,也可以适应不同 WEM 模型的正演。Li 等 (2018) 指

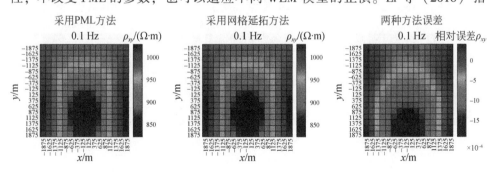

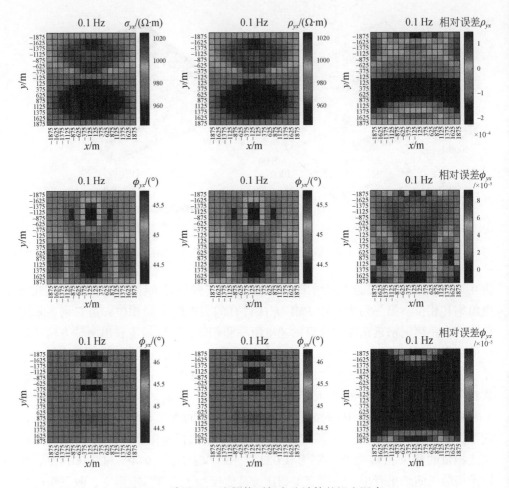

图 4.8　采用 PML 和网格延拓方法计算的视电阻率
和相位及两种方法的相对误差（0.1 Hz）

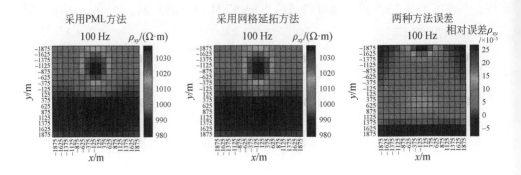

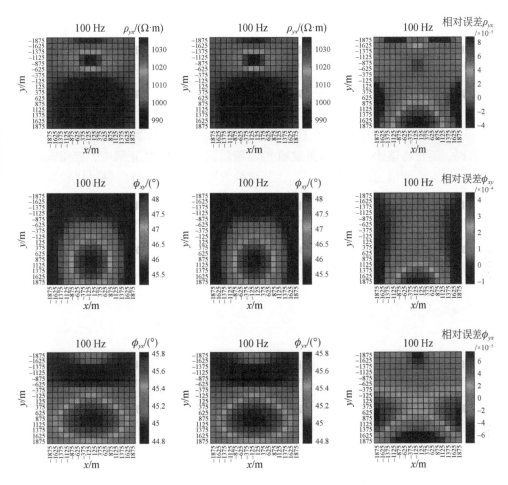

图 4.9 采用 PML 和网格延拓方法计算的视电阻率和
相位及两种方法的相对误差 (100 Hz)

出，在电磁勘探方法中使用完全匹配层截断模拟区域，有利于在同套网格上实施
与如地震数据等多种地球物理数据的联合反演。此外，更多的网格数目的 PML
可以实现更好的网格截断性能和更精确的正演结果。PML 技术可以引入到其他电
磁勘探方法的仿真中，例如地面可控源音频大地电磁法、海洋可控源电磁法等。

## 4.4 本 章 小 结

本章主要提出了低频扩散场的 PML 公式，然后将其应用到三维 WEM 正演
中，验证了 PML 在扩散场模拟区域截断中的可靠性和准确性。

　　首先从各向异性完全匹配层基本原理出发，简单地介绍了无反射条件等。然后根据 Maxwell 方程，推导了全频带的 PML 公式，再证明了其具有与频率和模拟区域本构参数无关的稳定吸收性能。根据扩散场的低频极限，位移电流远小于扩散电流，对全频带的 PML 公式进行简化，得到扩散场的简化 PML 公式。为了进一步提高低频扩散场 PML 的吸收性能，对其进行了改进，继续提升了吸收能力。

　　由于 PML 都是在平面波假设下推导的，所以在三维模型中 PML 的效果要逊色于一维模型。而且对于 WEM 模型，在需要考虑空气层时更加削弱了 PML 的吸收表现。但是将该改进的低频扩散场 PML 应用到三维 WEM 正演中，与传统的大距离网格大小渐增的延拓方法对比，其结果表明 PML 依然可以取得比较好的截断效果，这为三维反演打下良好基础。

# 第5章　人工源极低频电磁法三维反演

目前频域电磁勘探方法中主流的三维反演算法包括 OCCAM 法，非线性共轭梯度法（nonlinear conjugate gradient，NLCG）以及拟牛顿法（quasi- Newton，QN）。OCCAM 方法具有收敛速度快，对初始模型依赖较小，反演稳定的优点，但是需要计算完整的雅可比矩阵，因此 OCCAM 方法占用内存较大且比较耗时。NLCG 法需要沿着共轭梯度方向搜索模型下降空间，不需要计算完整的雅可比矩阵，只需计算雅可比矩阵与向量的乘积，因此单次搜索计算量较小，计算速度快。但是 NLCG 收敛速度慢，而且当异常体电导率与背景电导率相差较大时可能会不收敛（曹萌，2016）。QN 法采用近似的海森矩阵，构造出目标函数的曲率近似，不需要计算完整的雅可比矩阵，单次搜索速度较快，但同时也存在着收敛速度较慢的问题。赵宁等（2016）通过拟牛顿 BFGS 算法与 NLCG 算法的对比分析，认为三维反演中拟牛顿 BFGS 算法比 NLCG 算法的计算效率更高，更适合处理大数据量的三维反演问题。本章在 WEM 三维正演的基础上，将采取 OCCAM 法和拟牛顿 BFGS 法进行 WEM 的三维反演尝试，下面就 OCCAM 法和拟牛顿 BFGS 法的反演原理进行简单介绍。在本章中，标量采用正常斜体字母，而向量采用加粗小写字母，张量采用加粗大写字母。

## 5.1　OCCAM 反演方法

反演的目标函数可以表示为

$$\phi(\boldsymbol{\sigma}) = \phi_1 + \lambda^{-1}\phi_2 \tag{5.1}$$

其中，$\lambda$ 为拉格朗日乘子，$\phi_1$ 为模型粗糙度，写为

$$\phi_1 = \parallel \boldsymbol{L\sigma} \parallel^2 \tag{5.2}$$

其中，$\boldsymbol{L}$ 为模型在 $x$，$y$ 和 $z$ 方向上的梯度算子或者拉普拉斯算子的离散形式。$\phi_2$ 为数据拟合度，写为

$$\phi_2 = \parallel \boldsymbol{W}(\boldsymbol{d}_{\mathrm{obs}} - \boldsymbol{F}(\boldsymbol{\sigma})) \parallel^2 \tag{5.3}$$

其中，$\boldsymbol{d}_{\mathrm{obs}}$ 为观测数据，反演中是指阻抗，$\boldsymbol{F}(\boldsymbol{\sigma})$ 为模型电导率为 $\boldsymbol{\sigma}$ 时的正演数据，$\boldsymbol{W}$ 是数据协方差矩阵。拉格朗日乘子 $\lambda$ 可平衡模型粗糙度 $\phi_1$ 和数据拟合度 $\phi_2$ 的权重。$\lambda$ 越小，数据拟合度的权重越大，模型空间搜索过程中更加偏向于减小数据拟合差方向；$\lambda$ 越大，模型粗糙度的权重越大，此时模型搜索过程中更加

偏向于光滑模型。在模型空间搜索中，$\lambda$ 根据需要动态变化。

用下标 $i$ 表示当前的迭代次数，将正演函数 $F(\sigma)$ 在 $\sigma_i$ 处进行泰勒展开，舍去二次以及更高次项，得到

$$F(\sigma) = F(\sigma_i) + J_i(\sigma - \sigma_i) \tag{5.4}$$

其中 $J_i$ 为正演函数 $F(\sigma_i)$ 对模型 $\sigma_i$ 的偏导数矩阵，称为雅可比矩阵。将（5.4）代入到（5.1）中，得到

$$\phi(\sigma) = \| L\sigma \|^2 + \lambda^{-1} \| W(d_{obs} - F(\sigma_i) + J_i\sigma_i) - WJ_i\sigma \|^2 \tag{5.5}$$

求取极值点，令 $\partial \phi(\sigma) / \partial \sigma = 0$，可以得到下一次的迭代模型为

$$\sigma_{i+1} = (\lambda(L^T L) + (WJ_i)^T(WJ_i))^{-1}(WJ_i)^T W(d_{obs} - F(\sigma_i) + J_i\sigma_i) \tag{5.6}$$

按照此方法，进行模型空间搜索，直到目标函数或拟合差达到指定阈值。迭代过程中，需要计算完整的雅可比矩阵 $J_i$。OCCAM 反演方法实质上与高斯-牛顿法一致[①]，只不过 OCCAM 中引入了正则化项。OCCAM 反演的简要迭代流程如表 5.1 所示。

**表 5.1　OCCAM 反演的简要迭代流程**

| OCCAM 反演流程 |
| --- |
| 1. 确定模型的粗糙度算子 $L$； |
| 2. 选择初始模型 $\sigma_0$，确定最大迭代次数 N； |
| 3. for $i = 0, \cdots, N$ |
| 　　计算模型 $\sigma_i$ 的正演响应 $F(\sigma_i)$； |
| 　　计算模型 $\sigma_i$ 处的雅可比矩阵 $J(\sigma_i)$； |
| 　　计算新的迭代模型 $\sigma_{i+1} = (\lambda(L^T L) + (WJ_i)^T(WJ_i))^{-1}(WJ_i)^T W(d_{obs} - F(\sigma_i) + J_i\sigma_i)$； |
| 　　if $i = N$，或，拟合差小于给定阈值 |
| 　　　退出循环； |
| 　　end |
| end |

## 5.2　拟牛顿法

牛顿法具有二阶收敛速度的优点，但是当海森矩阵不正定时，不能保证搜索方向是目标函数在当前点的下降方向。特别地，当海森矩阵奇异时，反演算法就没法进行下去。另外，牛顿法在每次迭代过程中，需要计算目标函数的海森矩

① 尹相楠. 牛顿法和高斯-牛顿法. [EB]. 2020-02-27. https://zhuanlan.zhihu.com/p/103724149.

阵，这对三维反演来说计算量是惊人的。20 世纪 50 年代中期，美国物理学家戴维顿（Davidon）提出的拟牛顿法可以克服这些缺点。拟牛顿法在反演过程中不需要计算目标函数的海森矩阵，而是计算近似海森矩阵，该矩阵在某种意义下具有海森矩阵的功效，从而大大提高了计算效率。所以，拟牛顿法是求解无约束最优化问题的一种高效方法（马昌凤，2010）。

　　牛顿法的基本思想是：在迭代点 $\boldsymbol{\sigma}_i$ 处采用一阶导数（梯度）和二阶导数（海森矩阵）对目标函数进行二次函数近似，然后将二次函数的较小值作为新的迭代点，并不断重复这一过程，直至求得满足精度的近似较小点。

　　假设 $\phi(\boldsymbol{\sigma})$ 的海森矩阵连续，进行泰勒展开，舍去高次项，得到

$$\phi(\boldsymbol{\sigma}) = \phi(\boldsymbol{\sigma}_i) + \boldsymbol{g}_i^{\mathrm{T}}(\boldsymbol{\sigma}-\boldsymbol{\sigma}_i) + \frac{1}{2}(\boldsymbol{\sigma}-\boldsymbol{\sigma}_i)^{\mathrm{T}}\boldsymbol{G}_i(\boldsymbol{\sigma}-\boldsymbol{\sigma}_i) \tag{5.7}$$

其中 $\boldsymbol{\sigma}$ 表示自变量，$\boldsymbol{\sigma}_i$ 表示当前迭代点，$\boldsymbol{g}_i = \boldsymbol{g}(\boldsymbol{\sigma}_i) = \nabla\phi(\boldsymbol{\sigma}_i)$，$\boldsymbol{G}_i = \nabla^2\phi(\boldsymbol{\sigma}_i)$。需要区分的是，OCCAM 法中是对正演函数进行泰勒展开，而牛顿法中是对目标函数进行泰勒展开。

　　为了求取公式（5.7）中函数的极值点，令梯度为

$$\nabla\phi(\boldsymbol{\sigma}) = \boldsymbol{g}_i + \boldsymbol{G}_i(\boldsymbol{\sigma}-\boldsymbol{\sigma}_i) = \boldsymbol{0} \tag{5.8}$$

若 $\boldsymbol{G}_i$ 非奇异，求解上面的线性方程组，得到下一个迭代点位置：

$$\boldsymbol{\sigma}_{i+1} = \boldsymbol{\sigma}_i - \boldsymbol{G}_i^{-1}\boldsymbol{g}_i \tag{5.9}$$

在迭代公式（5.9）中，牛顿法的每次迭代都需要求取目标函数的海森矩阵的逆 $\boldsymbol{G}_i^{-1}$。直接求解矩阵的逆比较耗时，因此通常把海森矩阵的逆 $\boldsymbol{G}_i^{-1}$ 与向量的乘积计算转换为方程组的求解。即令，$\boldsymbol{G}_i\boldsymbol{d}_i = \boldsymbol{g}_i$，求取 $\boldsymbol{d}_i$ 便得到 $\boldsymbol{G}_i^{-1}\boldsymbol{g}_i$。牛顿法最突出的优点就是收敛速度快，具有局部二阶收敛性。但是牛顿法在每次迭代过程中，需要计算海森矩阵，而且海森矩阵必须是正定的，否则难以保证牛顿法搜索方向 $\boldsymbol{d}_i$ 是 $\phi(\boldsymbol{\sigma})$ 在 $\boldsymbol{\sigma}_i$ 处的下降方向。

　　拟牛顿法的基本思想是用某个近似矩阵 $\boldsymbol{B}_i$ 取代牛顿法中的海森矩阵 $\boldsymbol{G}_i$。通常，$\boldsymbol{B}_i$ 应具有下面的 3 个特点：①在某种意义下有 $\boldsymbol{B}_i \approx \boldsymbol{G}_i$，使得相应的算法产生的方向近似于牛顿法，以确保反演算法具有较快的收敛速度；②对于所有迭代过程，$\boldsymbol{B}_i$ 是对称正定的，从而确保搜索方向是目标函数的下降方向；③近似矩阵 $\boldsymbol{B}_i$ 的更新规则需要相对简单，通常采用一个秩 1 或秩 2 矩阵进行校正。

　　假设 $\phi(\boldsymbol{\sigma})$ 在定义域二次连续可微，那么 $\phi(\boldsymbol{\sigma})$ 在 $\boldsymbol{\sigma}_{i+1}$ 处的二次近似模型为

$$\phi(\boldsymbol{\sigma}) = \phi(\boldsymbol{\sigma}_{i+1}) + \boldsymbol{g}_{i+1}^{\mathrm{T}}(\boldsymbol{\sigma}-\boldsymbol{\sigma}_{i+1}) + \frac{1}{2}(\boldsymbol{\sigma}-\boldsymbol{\sigma}_{i+1})^{\mathrm{T}}\boldsymbol{G}_{i+1}(\boldsymbol{\sigma}-\boldsymbol{\sigma}_{i+1}) \tag{5.10}$$

对公式（5.10）两端求偏导数，得到

$$\boldsymbol{g}(\boldsymbol{\sigma}) = \boldsymbol{g}_{i+1} + \boldsymbol{G}_{i+1}(\boldsymbol{\sigma}-\boldsymbol{\sigma}_{i+1}) \tag{5.11}$$

令 $\boldsymbol{\sigma}=\boldsymbol{\sigma}_i$，位移 $\boldsymbol{s}_i = \boldsymbol{\sigma}_{i+1} - \boldsymbol{\sigma}_i$，梯度差 $\boldsymbol{y}_i = \boldsymbol{g}_{i+1} - \boldsymbol{g}_i$，则有

$$G_{i+1}s_i \approx y_i \qquad (5.12)$$

注意到，对于二次函数 $\phi(\boldsymbol{\sigma})$，上式是精确成立的。现在，要求在拟牛顿法中构造出的海森矩阵的近似矩阵 $\boldsymbol{B}_i$ 需满足这种关系式，即

$$B_{i+1}s_i \approx y_i \qquad (5.13)$$

公式（5.13）通常称为拟牛顿方程或拟牛顿条件。

根据 $\boldsymbol{B}_i$ 的第三个特点，可令

$$B_{i+1} = B_i + E_i \qquad (5.14)$$

式中，$\boldsymbol{E}_i$ 为秩 1 或秩 2 矩阵。通常将由拟牛顿方程（5.13）和校正规则（5.14）所确立的方法称为拟牛顿法。

BFGS 校正是目前最流行也是最高效的拟牛顿校正，它是由 Broyden、Fletcher、Goldfarb 和 Shanno 在 1970 年各自独立提出的拟牛顿法，故称为 BFGS 算法。其基本思想是在式（5.14）中取修正矩阵 $\boldsymbol{E}_i$ 为秩 2 矩阵：

$$E_i = -\frac{B_i s_i s_i^{\mathrm{T}} B_i}{s_i^{\mathrm{T}} B_i s_i} + \frac{y_i y_i^{\mathrm{T}}}{y_i^{\mathrm{T}} s_i} \qquad (5.15)$$

从而得到如下的 BFGS 秩 2 修正公式为

$$B_{i+1} = B_i - \frac{B_i s_i s_i^{\mathrm{T}} B_i}{s_i^{\mathrm{T}} B_i s_i} + \frac{y_i y_i^{\mathrm{T}}}{y_i^{\mathrm{T}} s_i} \qquad (5.16)$$

若 $\boldsymbol{B}_i$ 对称正定，那么 $\boldsymbol{B}_{i+1}$ 对称正定的充要条件是 $y_i^{\mathrm{T}} s_i > 0$。在 BFGS 算法中采用精确线搜索或者 Wolfe 搜索准则，则自动满足 $y_i^{\mathrm{T}} s_i > 0$。若初始矩阵 $\boldsymbol{B}_0$ 对称正定且在迭代过程中保持 $y_i^{\mathrm{T}} s_i > 0$，则由 BFGS 校正公式产生的矩阵序列 $\{\boldsymbol{B}_i\}$ 是对称正定的，从而方程组 $\boldsymbol{B}_i \boldsymbol{d}_i = -\boldsymbol{g}_i$ 有唯一解 $\boldsymbol{d}_i$，且 $\boldsymbol{d}_i$ 是函数 $\phi(\boldsymbol{\sigma})$ 在 $\boldsymbol{\sigma}_i$ 处的下降方向。拟牛顿 BFGS 法反演简要迭代流程如表 5.2 所示。

**表 5.2　拟牛顿 BFGS 法反演的简要迭代流程**

| 拟牛顿 BFGS 法反演流程 |
| --- |
| 1. 选择初始模型 $\boldsymbol{\sigma}_0$，确定最大迭代次数 N |
| 2. for $i = 0, \cdots, N$<br>    计算目标函数 $\phi(\boldsymbol{\sigma}_i)$ 的梯度 $\boldsymbol{g}(\boldsymbol{\sigma}_i)$；<br>    if $i = 0$<br>      $\boldsymbol{B}_i = \boldsymbol{I}$（单位矩阵）；<br>    else<br>      $s_i = \boldsymbol{\sigma}_i - \boldsymbol{\sigma}_{i-1}$；<br>      $y_i = \boldsymbol{g}(\boldsymbol{\sigma}_i) - \boldsymbol{g}(\boldsymbol{\sigma}_{i-1})$；<br>      $B_i = B_{i-1} - \dfrac{B_{i-1} s_i s_i^{\mathrm{T}} B_{i-1}}{s_i^{\mathrm{T}} B_{i-1} s_i} + \dfrac{y_i y_i^{\mathrm{T}}}{y_i^{\mathrm{T}} s_i}$； |

续表

| 拟牛顿 BFGS 法反演流程 |
|---|

        end

        计算搜索方向 $\boldsymbol{p}_i = -\boldsymbol{B}_i^{-1}\boldsymbol{g}\,(\boldsymbol{\sigma}_i)$ ；

        计算满足 Wolfe 条件的步长 $\boldsymbol{\alpha}_i$ ；

        得到新的模型 $\boldsymbol{\sigma}_{i+1} = \boldsymbol{\sigma}_i + \boldsymbol{\alpha}_i\boldsymbol{p}_i$ ；

        if $i = \mathrm{N}$ ，或，拟合差小于给定阈值

            退出循环；

        end

    end

对于 WEM 反演，其目标函数仍可写为公式（5.5）。在拟牛顿 BFGS 迭代方法中，在每个迭代步中都需要计算目标函数 $\phi(\boldsymbol{\sigma})$ 的梯度 $\boldsymbol{g}(\boldsymbol{\sigma})$ 。目标函数的梯度可写为

$$\boldsymbol{g}(\boldsymbol{\sigma}) = \nabla\phi(\boldsymbol{\sigma}) = 2\boldsymbol{L}^{\mathrm{T}}\boldsymbol{L}\boldsymbol{\sigma} - 2\lambda^{-1}\boldsymbol{J}^{\mathrm{T}}\,\boldsymbol{W}^{\mathrm{T}}\boldsymbol{W}(\boldsymbol{d}_{\mathrm{obs}} - \boldsymbol{F}(\boldsymbol{\sigma})) \tag{5.17}$$

梯度计算是拟牛顿法反演的关键，其重点是计算雅可比矩阵的转置 $\boldsymbol{J}^{\mathrm{T}}$ 与向量 $\boldsymbol{W}^{\mathrm{T}}\boldsymbol{W}(\boldsymbol{d}_{\mathrm{obs}} - \boldsymbol{F}(\boldsymbol{\sigma}))$ 的乘积。把 $\boldsymbol{W}^{\mathrm{T}}\boldsymbol{W}\,(\boldsymbol{d}_{\mathrm{obs}} - \boldsymbol{F}(\boldsymbol{\sigma}))$ 记成向量 $\boldsymbol{q}$ ，所以拟牛顿法中求取梯度的关键就是 $\boldsymbol{J}^{\mathrm{T}}\boldsymbol{q}$ 的计算，其具体计算细节将在 5.4 节中介绍。

接下来，我们以二维 Peak 函数为例，用图示的方法展示拟牛顿法的搜索原理。Peak 函数表达式为

$$f(x,y) = 3 \cdot (1-x)^2\exp(-x^2-(y+1)^2)$$
$$-10 \cdot \left(\frac{x}{5}-x^3-y^5\right) \cdot \exp(-x^2-y^2)$$
$$-\frac{1}{3}\exp(-(x+1)^2-y^2) \tag{5.18}$$

该函数在（0.2283，-1.6255）处存在最小值-6.5511，另外还存在两个极小值点。在迭代点 $\boldsymbol{\sigma}_i$ 点处，箭头表示梯度方向，深灰色的曲面表示以正定的 $\boldsymbol{B}_i$ 为系数的二次曲面，二次曲面的表达式为（5.7），只不过在拟牛顿法中用 $\boldsymbol{B}_i$ 替代 $\boldsymbol{G}_i$ 。也就是在 $\boldsymbol{\sigma}_i$ 点处，以深灰色二次曲面拟合 $\boldsymbol{\sigma}_i$ 点处的目标函数曲面。当前 $\boldsymbol{\sigma}_i$ 点到深灰色二次曲面的极小值点的连线方向为下一个迭代点的搜索方向。通过 Wolfe 线搜索寻找合适的迭代步长，到达下一个迭代点 $\boldsymbol{\sigma}_{i+1}$ 点。重复以上步骤，直至寻找到目标函数的极小值点。图 5.1 为拟牛顿 BFGS 法的简明搜索示意图。

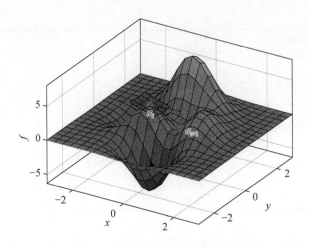

图 5.1 拟牛顿 BFGS 法的简明搜索示意图

## 5.3 Wolfe 线搜索

在拟牛顿法反演迭代过程中，确定搜索方向 $d_i$ 后，需要通过某种搜索方式确定搜索步长 $\alpha_i$ 使得

$$\phi(\boldsymbol{\sigma}_i+\alpha_i\boldsymbol{d}_i)<\phi(\boldsymbol{\sigma}_i) \qquad (5.19)$$

这实际上是目标函数 $\phi(\boldsymbol{\sigma})$ 在一个规定的方向上移动所形成的单变量优化问题。线搜索有精确线搜索和非精确线搜索之分。所谓精确线搜索，是指求 $\alpha_i$ 使目标函数 $\phi(\boldsymbol{\sigma})$ 沿方向 $d_i$ 达到极小。但精确线搜索往往需要计算很多的函数值和梯度值，从而耗费较多的计算资源。特别当迭代点远离最优点时，精确线搜索通常不是十分有效和合理的。对于许多优化算法，其收敛速度并不依赖于精确线搜索过程。因此，既能保证目标函数具有可接受的下降量，又能使最终形成的迭代序列收敛的非精确线搜索变得越来越流行。

Wolfe 准则是指给定 $c_1 \in (0,0.5)$，$c_2 \in (c_1,1)$，求 $\alpha_i$ 使得下面两个不等式同时成立。

$$\phi(\boldsymbol{\sigma}_i+\alpha_i\boldsymbol{d}_i)\leqslant\phi(\boldsymbol{\sigma}_i)+c_1\alpha_i\boldsymbol{g}_i^{\mathrm{T}}\boldsymbol{d}_i \qquad (5.20)$$

$$\nabla\phi(\boldsymbol{\sigma}_i+\alpha_i\boldsymbol{d}_i)^{\mathrm{T}}\boldsymbol{d}_i\geqslant c_2\boldsymbol{g}_i^{\mathrm{T}}\boldsymbol{d}_i \qquad (5.21)$$

式中，$\boldsymbol{g}_i=\nabla\phi(\boldsymbol{\sigma}_i)$。公式（5.21）有时也用另一个更强的条件来代替：

$$|\nabla\phi(\boldsymbol{\sigma}_i+\alpha_i\boldsymbol{d}_i)^{\mathrm{T}}\boldsymbol{d}_i|\leqslant-c_2\boldsymbol{g}_i^{\mathrm{T}}\boldsymbol{d}_i \qquad (5.22)$$

这样，当 $c_2>0$ 充分小时，可保证公式（5.22）变成近似精确线搜索。公式（5.20）和公式（5.22）也称为强 Wolfe 准则。强 Wolfe 准则表明，由该准则得

到的新迭代点 $\boldsymbol{\sigma}_{i+1}$ 在 $\boldsymbol{\sigma}_i$ 的某一邻域内并且使目标函数值具有一定的下降量。

在实际应用中，通常 $c_1$ 等于 0.0001，$c_2$ 等于 0.9。在拟牛顿 BFGS 反演中，搜索方向在大多数情况下都很接近牛顿方向，大部分情况下步长 1 就满足 wolfe 准则，只有极少数情况需要进行线搜索（刘云鹤和殷长春，2013），因此相对于 NLCG 方法，节约一部分步长搜索时间。

## 5.4　雅可比矩阵计算

在 OCCAM 反演中，需要计算观测阻抗对模型电导率的偏导数，也就是雅可比矩阵。在拟牛顿 BFGS 反演中，也需要计算雅可比矩阵的转置与向量的乘积。对于雅可比矩阵的计算，文献（Newman and Alumbaugh，2000）中已有详细推导，将其摘抄如下：

$$\partial Z_{xxj}/\partial \sigma_k = -{}^1\boldsymbol{g}_{jxx}^{\mathrm{T}} \cdot \partial \boldsymbol{E}_1/\partial \sigma_k - {}^2\boldsymbol{g}_{jxx}^{\mathrm{T}} \cdot \partial \boldsymbol{E}_2/\partial \sigma_k \tag{5.23}$$

$$\partial Z_{xyj}/\partial \sigma_k = -{}^1\boldsymbol{g}_{jxy}^{\mathrm{T}} \cdot \partial \boldsymbol{E}_1/\partial \sigma_k - {}^2\boldsymbol{g}_{jxy}^{\mathrm{T}} \cdot \partial \boldsymbol{E}_2/\partial \sigma_k \tag{5.24}$$

$$\partial Z_{yxj}/\partial \sigma_k = -{}^1\boldsymbol{g}_{jyx}^{\mathrm{T}} \cdot \partial \boldsymbol{E}_1/\partial \sigma_k - {}^2\boldsymbol{g}_{jyx}^{\mathrm{T}} \cdot \partial \boldsymbol{E}_2/\partial \sigma_k \tag{5.25}$$

$$\partial Z_{yyj}/\partial \sigma_k = -{}^1\boldsymbol{g}_{jyy}^{\mathrm{T}} \cdot \partial \boldsymbol{E}_1/\partial \sigma_k - {}^2\boldsymbol{g}_{jyy}^{\mathrm{T}} \cdot \partial \boldsymbol{E}_2/\partial \sigma_k \tag{5.26}$$

其中

$$
{}^1\boldsymbol{g}_{jxx}^{\mathrm{T}} = \left[ \begin{array}{l} (H_{x1}H_{y2}-H_{x2}H_{y1})(-H_{y2}^e\boldsymbol{g}_{j(x)}^{\mathrm{T}}+E_{x2}^h\boldsymbol{g}_{j(y)}^{\mathrm{T}})+ \\ (E_{x1}H_{y2}-E_{x2}H_{y1})(-H_{x2}^h\boldsymbol{g}_{j(y)}^{\mathrm{T}}+H_{y2}^h\boldsymbol{g}_{j(x)}^{\mathrm{T}}) \end{array} \right] \Big/ (H_{x1}H_{y2}-H_{x2}H_{y1})^2 \tag{5.27}
$$

$$
{}^2\boldsymbol{g}_{jxx}^{\mathrm{T}} = \left[ \begin{array}{l} (H_{x1}H_{y2}-H_{x2}H_{y1})(-E_{x1}^h\boldsymbol{g}_{j(y)}^{\mathrm{T}}+H_{y1}^e\boldsymbol{g}_{j(x)}^{\mathrm{T}})+ \\ (E_{x1}H_{y2}-E_{x2}H_{y1})(-H_{y1}^h\boldsymbol{g}_{j(x)}^{\mathrm{T}}+H_{x1}^h\boldsymbol{g}_{j(y)}^{\mathrm{T}}) \end{array} \right] \Big/ (H_{x1}H_{y2}-H_{x2}H_{y1})^2 \tag{5.28}
$$

$$
{}^1\boldsymbol{g}_{jxy}^{\mathrm{T}} = \left[ \begin{array}{l} (H_{x1}H_{y2}-H_{x2}H_{y1})(-E_{x2}^h\boldsymbol{g}_{j(x)}^{\mathrm{T}}+H_{y2}^e\boldsymbol{g}_{j(x)}^{\mathrm{T}})+ \\ (E_{x2}H_{x1}-E_{x1}H_{x2})(-H_{x2}^h\boldsymbol{g}_{j(y)}^{\mathrm{T}}+H_{y2}^h\boldsymbol{g}_{j(x)}^{\mathrm{T}}) \end{array} \right] \Big/ (H_{x1}H_{y2}-H_{x2}H_{y1})^2 \tag{5.29}
$$

$$
{}^2\boldsymbol{g}_{jxy}^{\mathrm{T}} = \left[ \begin{array}{l} (H_{x1}H_{y2}-H_{x2}H_{y1})(-H_{x1}^e\boldsymbol{g}_{j(x)}^{\mathrm{T}}+E_{x1}^h\boldsymbol{g}_{j(x)}^{\mathrm{T}})+ \\ (E_{x2}H_{x1}-E_{x1}H_{y2})(-H_{y1}^h\boldsymbol{g}_{j(x)}^{\mathrm{T}}+H_{x1}^h\boldsymbol{g}_{j(y)}^{\mathrm{T}}) \end{array} \right] \Big/ (H_{x1}H_{y2}-H_{x2}H_{y1})^2 \tag{5.30}
$$

$$
{}^1\boldsymbol{g}_{jyx}^{\mathrm{T}} = \left[ \begin{array}{l} (H_{x1}H_{y2}-H_{x2}H_{y1})(-H_{y2}^e\boldsymbol{g}_{j(y)}^{\mathrm{T}}+E_{y2}^h\boldsymbol{g}_{j(y)}^{\mathrm{T}})+ \\ (E_{y1}H_{y2}-E_{y2}H_{y1})(-H_{x2}^h\boldsymbol{g}_{j(y)}^{\mathrm{T}}+H_{y2}^h\boldsymbol{g}_{j(x)}^{\mathrm{T}}) \end{array} \right] \Big/ (H_{x1}H_{y2}-H_{x2}H_{y1})^2 \tag{5.31}
$$

$$
{}^2\boldsymbol{g}_{jyx}^{\mathrm{T}} = \left[ \begin{array}{l} (H_{x1}H_{y2}-H_{x2}H_{y1})(-E_{y1}^h\boldsymbol{g}_{j(x)}^{\mathrm{T}}+H_{y1}^e\boldsymbol{g}_{j(y)}^{\mathrm{T}})+ \\ (E_{y1}H_{y2}-E_{y2}H_{y1})(-H_{x1}^h\boldsymbol{g}_{j(x)}^{\mathrm{T}}+H_{x1}^h\boldsymbol{g}_{j(y)}^{\mathrm{T}}) \end{array} \right] \Big/ (H_{x1}H_{y2}-H_{x2}H_{y1})^2 \tag{5.32}
$$

$$
{}^1\boldsymbol{g}_{jyy}^{\mathrm{T}} = \left[ \begin{array}{l} (H_{x1}H_{y2}-H_{x2}H_{y1})(-E_{x2}^h\boldsymbol{g}_{j(x)}^{\mathrm{T}}+H_{x2}^e\boldsymbol{g}_{j(x)}^{\mathrm{T}})+ \\ (E_{y2}H_{x1}-E_{y1}H_{x2})(-H_{x2}^h\boldsymbol{g}_{j(y)}^{\mathrm{T}}+H_{y2}^h\boldsymbol{g}_{j(x)}^{\mathrm{T}}) \end{array} \right] \Big/ (H_{x1}H_{y2}-H_{x2}H_{y1})^2 \tag{5.33}
$$

$$
{}^2\boldsymbol{g}_{jyy}^{\mathrm{T}}=\left[\begin{array}{l}\left(H_{x1}H_{y2}-H_{x2}H_{y1}\right)\left(-H_{x1}^{e}\boldsymbol{g}_{j(y)}^{\mathrm{T}}+E_{y1}^{h}\boldsymbol{g}_{j(x)}^{\mathrm{T}}\right)+\\ \left(E_{y2}H_{x1}-E_{y1}H_{x2}\right)\left(-H_{y1}^{h}\boldsymbol{g}_{j(x)}^{\mathrm{T}}+H_{x1}^{h}\boldsymbol{g}_{j(y)}^{\mathrm{T}}\right)\end{array}\right]\bigg/\left(H_{x1}H_{y2}-H_{x2}H_{y1}\right)^2 \quad (5.34)
$$

公式（5.27）~（5.34）中，${}^{e}\boldsymbol{g}_{j(x)}^{\mathrm{T}}$、${}^{e}\boldsymbol{g}_{j(y)}^{\mathrm{T}}$、${}^{h}\boldsymbol{g}_{j(x)}^{\mathrm{T}}$、${}^{h}\boldsymbol{g}_{j(y)}^{\mathrm{T}}$ 为观测点处场值的插值函数，将其与电场 $E_1$ 或 $E_2$ 相乘便可得到观测点处的电场和磁场，$E_{x1}$、$H_{x1}$、$H_{y1}$、$E_{y1}$ 为电流源 1 工作时在地表观测点处的电场值和磁场值，$E_{x2}$、$H_{x2}$、$H_{y2}$、$E_{y2}$ 为电流源 2 工作时在地表观测点处的电场值和磁场值。因此要计算出公式（5.23）~（5.26）中的观测点处阻抗的偏导数矩阵，关键在于计算 $\partial E_1/\partial\sigma_k$ 和 $\partial E_2/\partial\sigma_k$。

以计算 $\partial E_1/\partial\sigma_k$ 为例（$\partial E_2/\partial\sigma_k$ 的计算相同），电场 $E_1$ 对模型电导率 $\boldsymbol{\sigma}$ 中元素 $\sigma_k$ 的偏导数可以写为

$$
\frac{\partial \boldsymbol{E}_1}{\partial\sigma_k}=\frac{\partial \boldsymbol{E}_{s1}}{\partial\sigma_k}+\frac{\partial \boldsymbol{E}_{p1}}{\partial\sigma_k} \quad (5.35)
$$

计算一次场 $\boldsymbol{E}_{p1}$ 时需要用到背景参考电导率 $\sigma_b$，而背景参考电导率 $\sigma_b$ 是模型电导率 $\boldsymbol{\sigma}$ 的函数，因此 $\partial \boldsymbol{E}_{p1}/\partial\sigma_k$ 并不全为 0，该偏导数通常采用解析解或者差分法求解。

对于公式（5.35）中 $\partial \boldsymbol{E}_{s1}/\partial\sigma_k$ 的计算，首先，根据有限单元法求解过程，二次场 $\boldsymbol{E}_{s1}$ 是通过求解如下的大型稀疏方程组得到

$$
\boldsymbol{K}\cdot\boldsymbol{E}_{s1}=\boldsymbol{K}_p\cdot\boldsymbol{E}_{p1} \quad (5.36)
$$

其中 $\boldsymbol{K}$ 为对称稀疏矩阵，其是模型电导率 $\boldsymbol{\sigma}$ 的函数；$\boldsymbol{K}_p$ 也为对称稀疏矩阵，是模型电导率 $\boldsymbol{\sigma}$ 和背景参考电阻率 $\sigma_b$ 的函数。公式（5.36）两端对 $\sigma_k$ 求偏导数，得到

$$
\frac{\partial \boldsymbol{E}_{s1}}{\partial\sigma_k}=\boldsymbol{K}^{-1}\cdot\left(\frac{\partial \boldsymbol{K}_p}{\partial\sigma_k}\cdot\boldsymbol{E}_{p1}+\boldsymbol{K}_p\cdot\frac{\partial \boldsymbol{E}_{p1}}{\partial\sigma_k}-\frac{\partial \boldsymbol{K}}{\partial\sigma_k}\cdot\boldsymbol{E}_{s1}\right) \quad (5.37)
$$

除去需要计算一次场的偏导数 $\dfrac{\partial \boldsymbol{E}_{p1}}{\partial\sigma_k}$，还需要计算 $\dfrac{\partial \boldsymbol{K}_p}{\partial\sigma_k}$ 和 $\dfrac{\partial \boldsymbol{K}}{\partial\sigma_k}$。以 $\dfrac{\partial \boldsymbol{K}_p}{\partial\sigma_k}$ 的求解为例，对于其中系数之 $-\dfrac{s_y s_z}{s_x}\cdot i\omega\mu\,(\boldsymbol{\sigma}-\boldsymbol{\sigma}_b)$ 的偏导数求解，有

$$
\begin{aligned}
&\frac{\partial}{\partial\sigma_k}\left(\frac{s_y s_z}{s_x}\cdot i\omega\mu(\boldsymbol{\sigma}-\boldsymbol{\sigma}_b)\right)\\
&=\frac{\partial}{\partial\sigma_k}\left(\frac{s_y s_z}{s_x}\right)\cdot i\omega\mu(\boldsymbol{\sigma}-\boldsymbol{\sigma}_b)+i\omega\mu\cdot\frac{s_y s_z}{s_x}\cdot\frac{\partial}{\partial\sigma_k}(\boldsymbol{\sigma}-\boldsymbol{\sigma}_b)
\end{aligned} \quad (5.38)
$$

上式需要求解两项偏导数 $\dfrac{\partial}{\partial\sigma_k}\left(\dfrac{s_y s_z}{s_x}\right)$ 和 $\dfrac{\partial}{\partial\sigma_k}(\boldsymbol{\sigma}-\boldsymbol{\sigma}_b)$，首先对于 $\dfrac{\partial}{\partial\sigma_k}\left(\dfrac{s_y s_z}{s_x}\right)$ 的求解，有

$$
\frac{\partial}{\partial\sigma_k}\left(\frac{s_y s_z}{s_x}\right)=\frac{s_x s_y' s_z+s_x s_y s_z'-s_x' s_y s_z}{s_x^2} \quad (5.39)
$$

以 $s'_x$ 为例，首先

$$s_x = \kappa_x + \frac{\sigma_x}{(\alpha-i)\sqrt{\omega\varepsilon\sigma_b^{\mathrm{PML}}}} \tag{5.40}$$

其中 $\sigma_b^{\mathrm{PML}}$ 为完全匹配层所使用的背景电导率，则：

$$s'_x = \frac{\partial}{\partial\sigma_k}\left(\frac{\sigma_x}{(\alpha-i)\sqrt{\omega\varepsilon\sigma_b^{\mathrm{PML}}}}\right) = -\frac{1}{2\sigma_b} \cdot (s_x-\kappa_x) \cdot \frac{\partial\sigma_b^{\mathrm{PML}}}{\partial\sigma_k} \tag{5.41}$$

所以有

$$
\begin{aligned}
&\frac{\partial}{\partial\sigma_k}\left(\frac{s_y s_z}{s_x}\right) \\
&= \left(-\frac{1}{2\sigma_b^{\mathrm{PML}}} \cdot \frac{\partial\sigma_b^{\mathrm{PML}}}{\partial\sigma_k}\right) \cdot \frac{s_x(s_y-\kappa_y)s_z + s_x s_y(s_z-\kappa_z) \cdot - (s_x-\kappa_x) \cdot s_y s_z}{s_x^2}
\end{aligned} \tag{5.42}
$$

对于 $\dfrac{\partial}{\partial\sigma_k}(\boldsymbol{\sigma}-\boldsymbol{\sigma}_b)$ 的求解，可以拆分为

$$\frac{\partial}{\partial\sigma_k}(\boldsymbol{\sigma}-\boldsymbol{\sigma}_b) = \frac{\partial\boldsymbol{\sigma}}{\partial\sigma_k} + \frac{\partial\boldsymbol{\sigma}_b}{\partial\sigma_k} \tag{5.43}$$

对于 $\dfrac{\partial\boldsymbol{\sigma}}{\partial\sigma_k}$ 的求解较为简单，而对于 $\dfrac{\partial\boldsymbol{\sigma}_b}{\partial\sigma_k}$ 的求解细节稍多。在地球介质中，背景电导率 $\boldsymbol{\sigma}_b$ 通常是部分单元 $\Re$ 的电导率 $\boldsymbol{\sigma}$ 的函数。所以在对这部分单元 $\Re$ 的电导率求偏导数时，首先，空气层中 $\boldsymbol{\sigma}_{bi}$ 一般固定为常见的空气电导率，所以在空气层中 $\dfrac{\partial\boldsymbol{\sigma}_{bi}}{\partial\sigma_k}=0$（$i$ 属于空气层单元），而在地球介质中，地下单元的 $\dfrac{\partial\boldsymbol{\sigma}_{bi}}{\partial\sigma_k}$ 不为 0（$i$ 属于地球介质单元），按照实际函数计算。对于不属于 $\Re$ 的剩余单元，对电导率 $\sigma_k$ 的偏导数都为 $\dfrac{\partial\boldsymbol{\sigma}_b}{\partial\sigma_k}=0$。$\dfrac{\partial\boldsymbol{K}_p}{\partial\sigma_k}$ 的另外两个系数 $\dfrac{s_x s_z}{s_y} \cdot i\omega\mu(\boldsymbol{\sigma}-\boldsymbol{\sigma}_b)$ 和 $\dfrac{s_x s_y}{s_z} \cdot i\omega\mu(\boldsymbol{\sigma}-\boldsymbol{\sigma}_b)$ 的偏导数求解与上述过程相同，根据以上步骤可以求解出 $\dfrac{\partial\boldsymbol{K}_p}{\partial\sigma_k}$。对于 $\dfrac{\partial\boldsymbol{K}}{\partial\sigma_k}$ 的求解与 $\dfrac{\partial\boldsymbol{K}_p}{\partial\sigma_k}$ 类似，在此不再赘述。

为了避免矩阵的求逆过程，以公式（5.24）中第一项 $-^1\boldsymbol{g}_{jxy}^{\mathrm{T}} \cdot \partial\boldsymbol{E}_1/\partial\sigma_k$ 求解为例，有

$$-^1\boldsymbol{g}_{jxy}^{\mathrm{T}} \cdot \frac{\partial\boldsymbol{E}_1}{\partial\sigma_k} = -^1\boldsymbol{g}_{jxy}^{\mathrm{T}} \cdot \frac{\partial\boldsymbol{E}_{p1}}{\partial\sigma_k} - ^1\boldsymbol{g}_{jxy}^{\mathrm{T}} \cdot \frac{\partial\boldsymbol{E}_{s1}}{\partial\sigma_k} \tag{5.44}$$

其中

$$-^1\boldsymbol{g}_{jxy}^{\mathrm{T}} \cdot \frac{\partial\boldsymbol{E}_{s1}}{\partial\sigma_k} = -^1\boldsymbol{g}_{jxy}^{\mathrm{T}} \cdot \boldsymbol{K}^{-1} \cdot \left(\frac{\partial\boldsymbol{K}_p}{\partial\sigma_k} \cdot \boldsymbol{E}_{p1} + \boldsymbol{K}_p \cdot \frac{\partial\boldsymbol{E}_{p1}}{\partial\sigma_k} - \frac{\partial\boldsymbol{K}}{\partial\sigma_k} \cdot \boldsymbol{E}_{s1}\right) \tag{5.45}$$

由于 $K$ 为对称矩阵，所以上式可写作

$$-^1\boldsymbol{g}_{jxy}^{\mathrm{T}} \cdot \frac{\partial \boldsymbol{E}_{s1}}{\partial \sigma_k} = \left( \frac{\partial \boldsymbol{K}_p}{\partial \sigma_k} \cdot \boldsymbol{E}_{p1} + \boldsymbol{K}_p \cdot \frac{\partial \boldsymbol{E}_{p1}}{\partial \sigma_k} - \frac{\partial \boldsymbol{K}}{\partial \sigma_k} \cdot \boldsymbol{E}_{s1} \right)^{\mathrm{T}} \cdot \boldsymbol{K}^{-1} \cdot \left( -^1\boldsymbol{g}_{jxy} \right) \quad (5.46)$$

令 $\boldsymbol{K}^{-1} \cdot (-^1\boldsymbol{g}_{jxy}) = \boldsymbol{u}$，而 $\boldsymbol{u}$ 可以通过"拟正演" $\boldsymbol{K} \cdot \boldsymbol{u} = -^1\boldsymbol{g}_{jxy}$ 求解得到，从而避免了对矩阵直接求逆。这就是采用互易定理（Rodi and Mackie, 2001）求取雅可比矩阵的方法。通过公式（5.44）类似的手法，可以最终得到阻抗张量 $Z_{xx}$、$Z_{xy}$、$Z_{yx}$ 和 $Z_{yy}$ 对电导率 $\sigma_k$ 的偏导数，从而得到雅可比矩阵：

$$J = \begin{bmatrix}
\dfrac{\partial Z_{xx1}}{\partial \sigma_1} & \cdots & \dfrac{\partial Z_{xx1}}{\partial \sigma_k} & \cdots & \dfrac{\partial Z_{xx1}}{\partial \sigma_{Ne}} \\[2mm]
\dfrac{\partial Z_{xy1}}{\partial \sigma_1} & \cdots & \dfrac{\partial Z_{xy1}}{\partial \sigma_k} & & \dfrac{\partial Z_{xy1}}{\partial \sigma_{Ne}} \\[2mm]
\dfrac{\partial Z_{yx1}}{\partial \sigma_1} & \cdots & \dfrac{\partial Z_{yx1}}{\partial \sigma_k} & & \dfrac{\partial Z_{yx1}}{\partial \sigma_{Ne}} \\[2mm]
\dfrac{\partial Z_{yy1}}{\partial \sigma_1} & \cdots & \dfrac{\partial Z_{yy1}}{\partial \sigma_k} & & \dfrac{\partial Z_{xy1}}{\partial \sigma_{Ne}} \\[2mm]
\vdots & \vdots & \vdots & & \vdots \\[2mm]
\dfrac{\partial Z_{xxj}}{\partial \sigma_1} & \cdots & \dfrac{\partial Z_{xxj}}{\partial \sigma_k} & & \dfrac{\partial Z_{xyj}}{\partial \sigma_{Ne}} \\[2mm]
\dfrac{\partial Z_{xyj}}{\partial \sigma_1} & \cdots & \dfrac{\partial Z_{xyj}}{\partial \sigma_k} & \cdots & \dfrac{\partial Z_{xyj}}{\partial \sigma_{Ne}} \\[2mm]
\dfrac{\partial Z_{yxj}}{\partial \sigma_1} & \cdots & \dfrac{\partial Z_{yxj}}{\partial \sigma_k} & & \dfrac{\partial Z_{yxj}}{\partial \sigma_{Ne}} \\[2mm]
\dfrac{\partial Z_{yyj}}{\partial \sigma_1} & \cdots & \dfrac{\partial Z_{yyj}}{\partial \sigma_k} & & \dfrac{\partial Z_{yyj}}{\partial \sigma_{Ne}} \\[2mm]
\vdots & \vdots & \vdots & \vdots & \vdots \\[2mm]
\dfrac{\partial Z_{xxNsite}}{\partial \sigma_1} & \cdots & \dfrac{\partial Z_{xxNsite}}{\partial \sigma_k} & & \dfrac{\partial Z_{xxNsite}}{\partial \sigma_{Ne}} \\[2mm]
\dfrac{\partial Z_{xyNsite}}{\partial \sigma_1} & \cdots & \dfrac{\partial Z_{xyNsite}}{\partial \sigma_k} & & \dfrac{\partial Z_{xyNsite}}{\partial \sigma_{Ne}} \\[2mm]
\dfrac{\partial Z_{yxNsite}}{\partial \sigma_1} & \cdots & \dfrac{\partial Z_{yxNsite}}{\partial \sigma_k} & & \dfrac{\partial Z_{yxNsite}}{\partial \sigma_{Ne}} \\[2mm]
\dfrac{\partial Z_{yyNsite}}{\partial \sigma_1} & \cdots & \dfrac{\partial Z_{yyNsite}}{\partial \sigma_k} & & \dfrac{\partial Z_{yyNsite}}{\partial \sigma_{Ne}}
\end{bmatrix} \quad (5.47)$$

式中，$Nsite$ 表示观测点数目，$Ne$ 表示三维模型网格总数目。所以单频率时，矩

阵 $\boldsymbol{J}$ 的规模为 $4Nsite \times Ne$。根据公式（5.23）~（5.26）可知，求取单个频率点的雅可比矩阵需要计算 $8 \times Nsite$ 次拟正演，这个计算量是相当耗时的。值得一提的是，由于不同测点的拟正演是相互独立的，所以拟正演过程是可以进行并行计算的。OCCAM 方法的拟正演采用 CPU 的多核心进行计算，很大程度上提升了计算效率。

如 4.2 节所述，拟牛顿 BFGS 法中需要计算 $\boldsymbol{J}^T\boldsymbol{q}$。以 $xy$ 模式的 $\partial Z_{xyj}/\partial\sigma_k$ 为例，根据公式（5.24），$\boldsymbol{J}^T\boldsymbol{q}$ 中的元素可以写为

$$
\begin{aligned}
(\boldsymbol{J}^{\mathrm{T}}\boldsymbol{q})_k &= \sum_{j=1}^{Nsite} q_j \boldsymbol{J}_{jk} \\
&= \sum_{j=1}^{Nsite} q_j \left( -{}^1\boldsymbol{g}_{jxy}^{\mathrm{T}} \cdot \left( \frac{\partial \boldsymbol{E}_{s1}}{\partial\sigma_k} + \frac{\partial \boldsymbol{E}_{p1}}{\partial\sigma_k} \right) - {}^2\boldsymbol{g}_{jxy}^{\mathrm{T}} \cdot \left( \frac{\partial \boldsymbol{E}_{s2}}{\partial\sigma_k} + \frac{\partial \boldsymbol{E}_{p2}}{\partial\sigma_k} \right) \right) \\
&= \sum_{j=1}^{Nsite} q_j \left( -{}^1\boldsymbol{g}_{jxy}^{\mathrm{T}} \cdot \frac{\partial \boldsymbol{E}_{s1}}{\partial\sigma_k} - {}^2\boldsymbol{g}_{jxy}^{\mathrm{T}} \cdot \frac{\partial \boldsymbol{E}_{s2}}{\partial\sigma_k} \right) \\
&\quad + \left( \sum_{j=1}^{Nsite} (-q_j \cdot {}^1\boldsymbol{g}_{jxy}^{\mathrm{T}}) \right) \frac{\partial \boldsymbol{E}_{p1}}{\partial\sigma_k} \\
&\quad + \left( \sum_{j=1}^{Nsite} (-q_j \cdot {}^2\boldsymbol{g}_{jxy}^{\mathrm{T}}) \right) \frac{\partial \boldsymbol{E}_{p2}}{\partial\sigma_k}
\end{aligned} \tag{5.48}
$$

其中，$k$ 表示不同的单元（$k \in 1, \cdots, Ne$）。根据公式（5.45），有

$$
-{}^1\boldsymbol{g}_{jxy}^{\mathrm{T}} \cdot \frac{\partial \boldsymbol{E}_{s1}}{\partial\sigma_k} = -{}^1\boldsymbol{g}_{jxy}^{\mathrm{T}} \cdot \boldsymbol{K}^{-1} \cdot \left( \frac{\partial \boldsymbol{K}_p}{\partial\sigma_k} \cdot \boldsymbol{E}_{p1} + \boldsymbol{K}_p \cdot \frac{\partial \boldsymbol{E}_{p1}}{\partial\sigma_k} - \frac{\partial \boldsymbol{K}}{\partial\sigma_k} \cdot \boldsymbol{E}_{s1} \right) \tag{5.49}
$$

$$
-{}^2\boldsymbol{g}_{jxy}^{\mathrm{T}} \cdot \frac{\partial \boldsymbol{E}_{s2}}{\partial\sigma_k} = -{}^2\boldsymbol{g}_{jxy}^{\mathrm{T}} \cdot \boldsymbol{K}^{-1} \cdot \left( \frac{\partial \boldsymbol{K}_p}{\partial\sigma_k} \cdot \boldsymbol{E}_{p2} + \boldsymbol{K}_p \cdot \frac{\partial \boldsymbol{E}_{p2}}{\partial\sigma_k} - \frac{\partial \boldsymbol{K}}{\partial\sigma_k} \cdot \boldsymbol{E}_{s2} \right) \tag{5.50}
$$

令

$$
\boldsymbol{s}_{1k} = \left( \frac{\partial \boldsymbol{K}_p}{\partial\sigma_k} \cdot \boldsymbol{E}_{p1} + \boldsymbol{K}_p \cdot \frac{\partial \boldsymbol{E}_{p1}}{\partial\sigma_k} - \frac{\partial \boldsymbol{K}}{\partial\sigma_k} \cdot \boldsymbol{E}_{s1} \right) \tag{5.51}
$$

$$
\boldsymbol{s}_{2k} = \left( \frac{\partial \boldsymbol{K}_p}{\partial\sigma_k} \cdot \boldsymbol{E}_{p2} + \boldsymbol{K}_p \cdot \frac{\partial \boldsymbol{E}_{p2}}{\partial\sigma_k} - \frac{\partial \boldsymbol{K}}{\partial\sigma_k} \cdot \boldsymbol{E}_{s2} \right) \tag{5.52}
$$

$$
\boldsymbol{u}_{1j}^{\mathrm{T}} = -{}^1\boldsymbol{g}_{jxy}^{\mathrm{T}} \cdot \boldsymbol{K}^{-1} \tag{5.53}
$$

$$
\boldsymbol{u}_{2j}^{\mathrm{T}} = -{}^2\boldsymbol{g}_{jxy}^{\mathrm{T}} \cdot \boldsymbol{K}^{-1} \tag{5.54}
$$

则

$$
\begin{aligned}
(\boldsymbol{J}^{\mathrm{T}}\boldsymbol{q})_k &= \left( \sum_{j=1}^{Nsite} q_j \boldsymbol{u}_{1j} \right)^{\mathrm{T}} \cdot \boldsymbol{s}_{1k} + \left( \sum_{j=1}^{Nsite} q_j \boldsymbol{u}_{2j} \right)^{\mathrm{T}} \cdot \boldsymbol{s}_{2k} \\
&\quad + \left( \sum_{j=1}^{Nsite} (-q_j \cdot {}^1\boldsymbol{g}_{jxy}^{\mathrm{T}}) \right) \frac{\partial \boldsymbol{E}_{p1}}{\partial\sigma_k}
\end{aligned}
$$

$$+ \left( \sum_{j=1}^{Nsite} ( - q_j \cdot {}^2 g_{jxy}^{\mathrm{T}} ) \right) \frac{\partial E_{p2}}{\partial \sigma_k} \tag{5.55}$$

令

$$r_1 = \sum_{j=1}^{Nsite} q_j \, u_{1j} = - K^{-1} \left( \sum_{j=1}^{Nsite} q_j \cdot {}^1 g_{jxy} \right) \tag{5.56}$$

$$r_2 = \sum_{j=1}^{Nsite} q_j \, u_{2j} = - K^{-1} \left( \sum_{j=1}^{Nsite} q_j \cdot {}^2 g_{jxy} \right) \tag{5.57}$$

$$b_1^{\mathrm{T}} = \sum_{j=1}^{Nsite} ( - q_j \cdot {}^1 g_{jxy}^{\mathrm{T}} ) \tag{5.58}$$

$$b_2^{\mathrm{T}} = \sum_{j=1}^{Nsite} ( - q_j \cdot {}^2 g_{jxy}^{\mathrm{T}} ) \tag{5.59}$$

可以看到 $r_1$ 和 $r_2$ 与单元 $k$ 无关，故在计算不同单元 $k$ 的 $(J^{\mathrm{T}} q)_k$ 值时，拟正演 $r_1$ 和 $r_2$ 不用重复计算，只需一次计算即可。所以每个单元 $k$ 的 $(J^{\mathrm{T}} q)_k$ 值为

$$(J^{\mathrm{T}} q)_k = r_1^{\mathrm{T}} \cdot s_{1k} + r_2^{\mathrm{T}} \cdot s_{2k} + b_1^{\mathrm{T}} \cdot \frac{\partial E_{p1}}{\partial \sigma_k} + b_2^{\mathrm{T}} \cdot \frac{\partial E_{p2}}{\partial \sigma_k} \tag{5.60}$$

对不同单元 $k$ 循环，便得到拟牛顿法需要的 $J^{\mathrm{T}} q$ 向量。所以张量拟牛顿法反演中，每次迭代中仅需 8 次"拟正演"，远小于 OCCAM 方法的 8×$Nsite$ 次。

值得一提的是，倘若观测参数为视电阻率。以 $xy$ 模式的视电阻率 $\rho_{xy}$ 为例，视电阻率 $\rho_{xy}$ 与阻抗 $Z_{xy}$ 的关系为

$$\rho_{xy} = \frac{1}{\omega \mu} | Z_{xy} |^2 \tag{5.61}$$

则视电阻率 $\rho_{xy}$ 对模型参数 $\sigma_k$ 的偏导数可以写为

$$\frac{\partial \rho_{xy}}{\partial \sigma_k} = \frac{1}{\omega \mu} | Z_{xy} | \frac{\partial | Z_{xy} |}{\partial \sigma_k} \tag{5.62}$$

而

$$\frac{\partial | Z_{xy} |}{\partial \sigma_k} = | Z_{xy} | \mathrm{Re} \left( \frac{1}{Z_{xy}} \frac{\partial Z_{xy}}{\partial \sigma_k} \right) \tag{5.63}$$

将 (5.63) 代入到 (5.62) 中，得到视电阻率 $\rho_{xy}$ 对模型参数 $\sigma_k$ 的偏导数与阻抗 $Z_{xy}$ 对模型参数 $\sigma_k$ 的偏导数的关系为

$$\frac{\partial \rho_{xy}}{\partial \sigma_k} = \frac{1}{\omega \mu} \| Z_{xy} \|^2 \mathrm{Re} \left( \frac{1}{Z_{xy}} \frac{\partial Z_{xy}}{\partial \sigma_k} \right) \tag{5.64}$$

类似地，可以将阻抗 $Z_{xx}$、$Z_{yx}$ 和 $Z_{yy}$ 对模型参数 $\sigma_k$ 的偏导数雅可比矩阵转换为视电阻率对模型参数的偏导数雅可比矩阵。

接下来，为了验证以上互易定理方法求取雅可比矩阵的精确度，我们将其结果与差分法对比。差分法的计算方式如下：

$$\frac{\partial Z}{\partial \sigma_k} = \frac{Z(\boldsymbol{\sigma} + \Delta \sigma_k) - Z(\boldsymbol{\sigma})}{\Delta \sigma_k} \qquad (5.65)$$

其中 $\Delta \sigma_k$ 是对 $k$ 单元电导率的一个小扰动。差分法计算雅可比矩阵时计算量较大，比较耗时，计算一个频率点的雅可比矩阵需要正演 $2 \times Ne$ 次。构建一个电导率为 0.01 S/m 的均匀空间，网格数目为 $3 \times 3 \times 3$，顶面观测点为 9 个，频率为 1 Hz。图 5.2（a）和图 5.2（b）分别展示了差分法和互易定理法计算的雅可比矩阵中 $\partial Z_{xy} / \partial \sigma_k$ 分量的实部，其矩阵的维度为 $9 \times 27$。从图 5.2（c）可以看出两种方法计算出的图 5.2 雅可比矩阵高度吻合，误差为 $10^{-8}$ 量级。图 5.2（d）展示了第一个观测点处 $\partial Z_{xy} / \partial \sigma_k$ 值的对比，同样可以看到两种方法结果高度吻合。因此，互易定理方法计算雅可比矩阵是精度可靠的，适合三维反演计算。

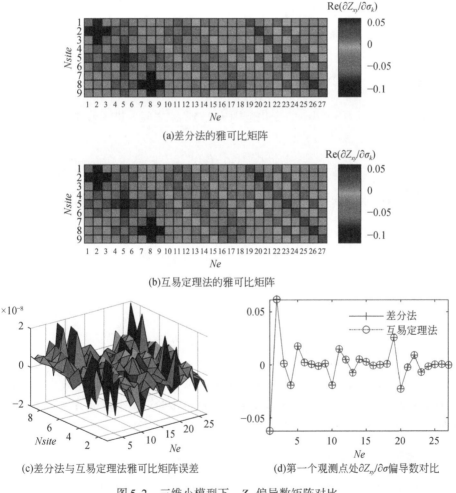

(a)差分法的雅可比矩阵

(b)互易定理法的雅可比矩阵

(c)差分法与互易定理法雅可比矩阵误差　　　(d)第一个观测点处 $\partial Z_{xy} / \partial \sigma$ 偏导数对比

图 5.2　三维小模型下，$Z_{xy}$ 偏导数矩阵对比

## 5.5　模型参数约束

在反演模型空间搜索过程中，由于未对模型空间范围进行限制，反演迭代过程中，模型很可能会搜索到负值区域或者不合理值区域，从而会造成搜索方向与已知信息不符或者甚至不收敛。在频域三维电磁法反演中，反演模型参数为电导率 $\boldsymbol{\sigma}$，根据先验信息，常见的地球岩矿石等介质的电导率都会存在一个大致的范围。假设设定模型电导率的第 $k$ 个分量的范围为

$$l_k < \sigma_k < u_k \tag{5.66}$$

其中，$l_k$ 为 $\sigma_k$ 的下界，$u_k$ 为 $\sigma_k$ 的上界。对反演的模型空间施加一个范围后，可以提高反演的稳定性。通过模型变换函数，将约束问题转化为无约束问题，引入模型参数 $\boldsymbol{m}$，使得其分量满足：

$$m_k = \log(\sigma_k - l_k) - \log(u_k - \sigma_k), l_k < \sigma_k < u_k \tag{5.67}$$

从而

$$\sigma_k = \frac{l_k + u_k \mathrm{e}^{m_k}}{1 + \mathrm{e}^{m_k}}, -\infty < m_k < +\infty \tag{5.68}$$

从（5.68）式可以看出，$\sigma_k$ 的变化范围为 $l_k$ 到 $u_k$ 之间。进一步地，$\sigma_k$ 对 $m_k$ 的偏导数可以写为

$$\frac{\partial \sigma_k}{\partial m_k} = \frac{(u_k - l_k)\,\mathrm{e}^{m_k}}{(1 + \mathrm{e}^{m_k})^2} \tag{5.69}$$

根据复合函数的求导法则，雅可比矩阵中 $Z_{xy}$ 分量的求导可以写作：

$$\frac{\partial Z_{xy}}{\partial m_k} = \frac{\partial Z_{xy}}{\partial \sigma_k} \cdot \frac{\partial \sigma_k}{\partial m_k} \tag{5.70}$$

类似地，将雅可比矩阵中 $Z_{xx}$、$Z_{yx}$ 和 $Z_{yy}$ 对 $\sigma_k$ 的偏导数可以改写为对 $m_k$ 的偏导数。至此，通过引入电导率参数的对数变换，可以将存在上下界的约束问题转换为无约束问题。

## 5.6　理论模型合成数据反演

为了验证 OCCAM 法和拟牛顿 BFGS 法在 WEM 反演中的应用效果，我们通过对两组理论模型的合成数据进行反演，以进一步验证整个反演方案的可靠性和正确性，同时对比两种反演方法的反演效果。

### 5.6.1　模型 1

构建如图 5.3 所示的三维模型。地球背景介质的电阻率为 $100\ \Omega\cdot\mathrm{m}$。在地

球背景介质中，有两个低阻异常体，左侧大异常体的大小为 500 m×1250 m× 500 m，顶部埋深为 500 m。该异常体中心的坐标为 (−500 m, 375 m, 750 m)，电阻率为 50 Ω·m。右侧小异常体的大小为 500 m×500 m×500 m，顶部埋深为 500 m。该异常体中心的坐标为 (−750 m, 0 m, 750 m)，电阻率为 10 Ω·m。有效模拟区域网格数为 12×12×6，每个网格的大小为 250 m×250 m×250 m。在地球上方设置一层空气层，空气层的厚度为 250 m，电阻率设为 $10^8$ Ω·m。在模拟区域外围每侧加载 6 层网格的 PML，PML 区域的网格厚度为 50 m，故每侧 PML 的总厚度为 300 m，小于 0.1 Hz 电磁波在地球介质内的趋肤深度。WEM 的发射电流源与该模型的距离为 800 km，发射电流源的中心坐标为 (−800 km, 0, 0)。假设存在沿 x 方向和 y 方向的两个发射电流源，电流源的长度都为 100 km，电流大小都 100 A。使用的频率点共有 8 个，分别为 0.1 Hz、0.27 Hz、0.72 Hz、1.93 Hz、5.18 Hz、13.89 Hz、37.28 Hz、100 Hz。图 5.3 中白色倒三角形表示观测点，该模型共有 144 个观测点，在 PML 区域上方不设观测点。本例中收发距为 800 km，是 WEM 中的典型收发距，但这并不意味着开发的反演算法只适用于波导区观测数据的反演，实际上，这套反演算法同样可以用于收发距较小情况下的近区、过渡区和远区数据的反演。因为反演实质就是最优化过程，无论模型的正演函数是什么，只需要求取出相应的目标函数梯度等信息，便可按照最优化步骤搜索到使目标函数下降的模型参数。我们采用的 Dell 工作站的处理器为 16 核 Intel® Xeon® CPU E5-2630 v3@2.40GHz。由于正演和拟正演中不同频率的计算相互独立，而且 OCCAM 反演方法中不同测点的拟正演也是相互独立的，所以我们采用计算机 CPU 的 16 核进行并行计算，大大提高了反演速度。此外，我们将理论观测数据与拟合数据的均方根误差（root mean square，RMS）定义为

$$\mathrm{RMS} = \sqrt{\dfrac{\displaystyle\sum_{i=1}^{N} (\boldsymbol{d}_{\mathrm{pre}}^i - \boldsymbol{d}_{\mathrm{obs}}^i)^2}{N}} \tag{5.71}$$

其中，N 表示所有观测数据的数目，$\boldsymbol{d}_{\mathrm{pre}}^i$ 表示每次迭代中的拟合数据，$\boldsymbol{d}_{\mathrm{obs}}^i$ 为观测数据。

我们采用 OCCAM 反演方法和拟牛顿 BFGS 反演方法对该模型的理论合成数据进行反演。假设沿 x 方向的电流发射源工作时，在地表进行标量观测，观测数据为标量阻抗 $Z_{xy} = E_x/H_y$。初始模型的地球背景电阻率为所有测点的视电阻率平均值，设为 86 Ω·m。标量 OCCAM 方法的初始拉格朗日因子 λ 设为 5×10⁻³，按照吴小平和徐果明（1998）介绍的方法，拉格朗日乘子在一定步长下逐渐递减，在每次迭代中 λ 降低至上一次的 2/5 左右。让初始拟合差 RMS 归一化，OCCAM 方法迭代 20 次后，拟合差 RMS 从 1 下降到 0.000079，如图 5.4（a）所示，标

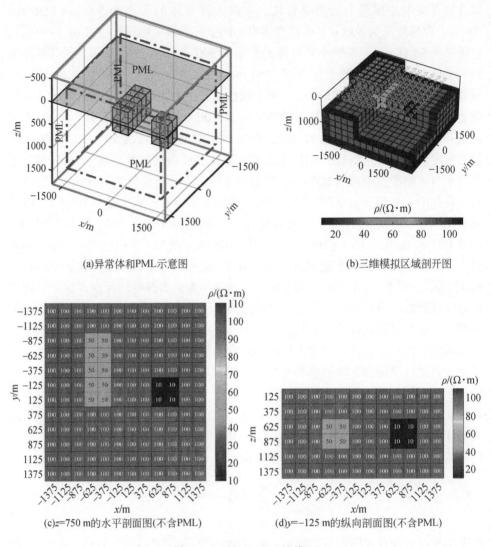

(a)异常体和PML示意图　　　　　　　　　(b)三维模拟区域剖开图

(c)z=750 m的水平剖面图(不含PML)　　　　　(d)y=−125 m的纵向剖面图(不含PML)

图5.3　三维 WEM 正演模型

量 OCCAM 反演耗时约为 16.3 个小时。标量 OCCAM 反演的结果如图 5.4（b）所示，可以看到，OCCAM 反演可以较好地刻画出两个低阻异常体的水平位置。图 5.4（c）是深度 $z$ 为 750 m 时反演结果的 $x$–$y$ 水平切片图，图 5.4（d）是 $y$ 方向等于−125 m 时反演结果的 $x$–$z$ 纵向切片图。可以从反演切片图中看出，反演模型的地球背景电阻率与真实地球背景电阻率 100 Ω·m 较为接近。反演结果中，对两个低阻异常体的空间位置和电阻率还原得较好，在异常体下方单元的电阻率反演得稍有偏差。这也证实了含 PML 正演的模型可以采用常规方法进行反演，

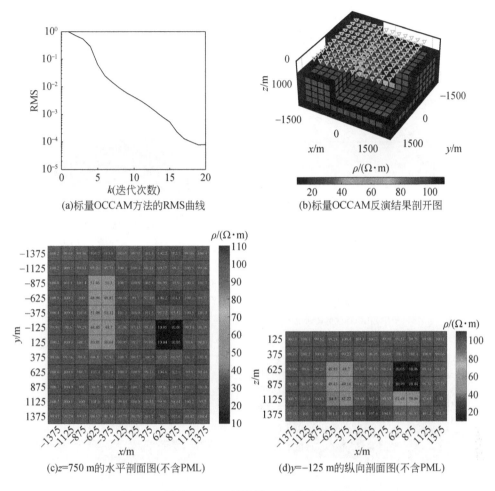

(a)标量OCCAM方法的RMS曲线

(b)标量OCCAM反演结果剖开图

(c)z=750 m的水平剖面图(不含PML)

(d)y=-125 m的纵向剖面图(不含PML)

图 5.4　标量 OCCAM 反演的 RMS 曲线及反演结果

且能取得不错的效果。图 5.5 是拟牛顿 BFGS 方法的三维反演结果，该方法迭代 500 次，RMS 从 1 下降到 0.00758，RMS 的变化曲线如图 5.5（a）所示。初始模型的地球背景电阻率设为 86 Ω·m，标量数据的拟牛顿 BFGS 法共耗时约 25 个小时。初始拉格朗日因子 $\lambda$ 设为 $5 \times 10^{-3}$，在下一次迭代中 $\lambda$ 变为上一次的 0.5 倍左右。BFGS 法的 RMS 曲线很难下降到如 OCCAM 方法的水平，而且在后期拟牛顿 BFGS 法的收敛极其缓慢。另外，拟牛顿法对初始模型的选取依赖较为严重，某些初始模型会出现不收敛，甚至会出现搜索错误。图 5.5（b）是三维反演结果的剖开图，拟牛顿 BFGS 法对两个异常体的水平位置也能较好定位。在纵向方向上，仅反演出了两个异常体的顶部，两个异常体的底部电阻率与真实模型具有一定差异。图 5.5（c）和（d）分别是拟牛顿 BFGS 法在深度 z 为 750 m 时反演结

果的 $x$–$y$ 水平切片图和 $y$ 方向为 $-125$ m 时 $x$–$z$ 纵向切片图。拟牛顿 BFGS 法反演出的地球背景电阻率与真实模型也具有一定差距，且反演出的背景电阻率不太光滑。从标量 OCCAM 方法和拟牛顿 BFGS 法的反演结果可以看出，反演结果在水平方向上分辨率普遍较好，纵向上分辨率稍差，推测原因是可以探测深部的低频电磁波的波长更长，分辨更差。

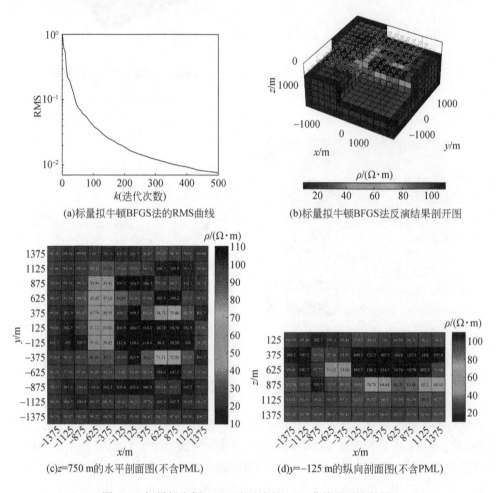

(a)标量拟牛顿BFGS法的RMS曲线　　　　　　(b)标量拟牛顿BFGS法反演结果剖开图

(c)$z$=750 m的水平剖面图(不含PML)　　　　(d)$y$=$-$125 m的纵向剖面图(不含PML)

图 5.5　标量拟牛顿 BFGS 法反演的 RMS 曲线及反演结果

对图 5.3 中的模型进行张量数据正演，同样对观测数据进行张量 OCCAM 和拟牛顿 BFGS 法的反演。为了节省计算时间，忽略 $Z_{xx}$ 和 $Z_{yy}$ 的数据，仅对 $Z_{xy}$ 和 $Z_{yx}$ 数据进行反演。仅使用 $Z_{xy}$ 和 $Z_{yx}$ 数据进行张量反演的话，其拟正的计算量是标量反演的 4 倍。张量 OCCAM 反演的初始拉格朗日因子 $\lambda$ 设为 $5 \times 10^{-3}$，在每一次迭代中 $\lambda$ 降低至上一次的 2/5 左右。初始模型的地球背景电阻率设为

86 Ω·m，OCCAM 张量反演耗时约为 105 个小时。张量 OCCAM 反演迭代 20 次后，拟合差 RMS 从 1 下降到 0.000006，拟合差 RMS 变化曲线如图 5.6（a）所示。图 5.6（b）是张量 OCCAM 反演的三维模型展示图，图 5.6（c）是深度 $z$ 为 750 m 时的 $x$–$y$ 水平切片图，图 5.6（d）是 $y$ 方向为 –125 m 时的 $x$–$z$ 纵向切片图。可以看出，张量 OCCAM 反演对地球背景电阻率和两个低阻异常体电阻率都有很好的恢复，而且对两个异常体的轮廓刻画得比较到位。与图 5.4 中的标量 OCCAM 反演结果相比，张量 OCCAM 反演结果要明显优于标量 OCCAM 反演。但是张量 OCCAM 反演耗时约为标量 OCCAM 反演的 5 倍左右。图 5.7 是张量拟牛顿 BFGS 方法的反演结果，初始模型的地球背景电阻率设为 86 Ω·m，反演耗时约为 49 个小时。初始拉格朗日因子 $\lambda$ 设为 $5×10^{-3}$，在下一次迭代中 $\lambda$ 变为上一

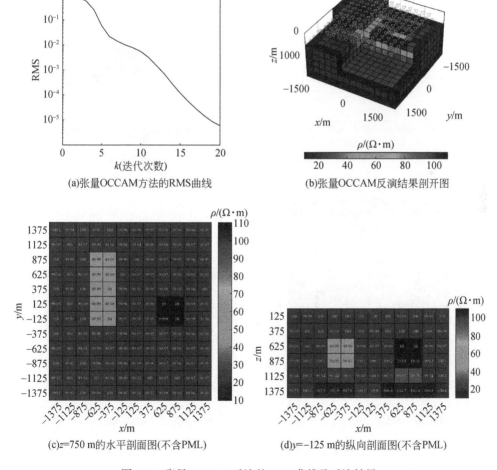

(a)张量OCCAM方法的RMS曲线　　　　　(b)张量OCCAM反演结果剖开图

(c)$z$=750 m 的水平剖面图(不含PML)　　　(d)$y$=–125 m 的纵向剖面图(不含PML)

图 5.6　张量 OCCAM 反演的 RMS 曲线及反演结果

次的1/2左右。图5.7（a）是拟牛顿 BFGS 方法的拟合差 RMS 变化曲线，迭代500次，拟合差 RMS 从1下降到0.010055，同样在迭代后期收敛得特别缓慢。拟牛顿 BFGS 法的三维反演结果如图5.7（b）所示，可以看到其效果要差于图5.6（b）中的 OCCAM 方法，但是其结果要好于图5.5（b）中的标量拟牛顿 BFGS 法的反演结果。图5.7（c）和图5.7（d）分别是深度 z 为750 m 时的 x–y 水平切片图和 y 方向为–125 m 时的 x–z 纵向切片图。由于张量反演中有两个发射源且观测数据更多，张量拟牛顿 BFGS 法对异常体的水平位置刻画得比标量拟牛顿BFGS 法更清晰，而且在纵向上对异常体的电阻率反演更有进步，但其效果仍然逊色于 OCCAM 反演方法。

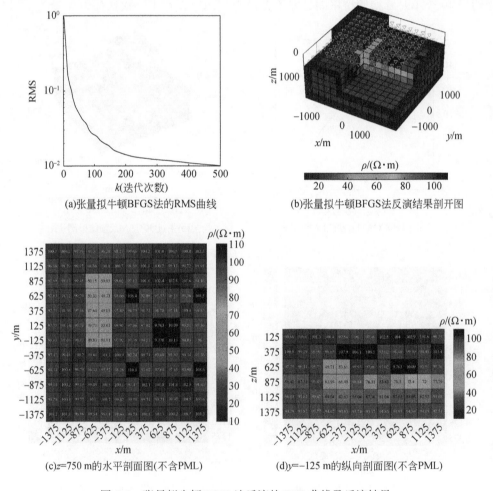

(a)张量拟牛顿BFGS法的RMS曲线　　(b)张量拟牛顿BFGS法反演结果剖开图

(c)z=750 m的水平剖面图(不含PML)　　(d)y=-125 m的纵向剖面图(不含PML)

图5.7　张量拟牛顿 BFGS 法反演的 RMS 曲线及反演结果

## 5.6.2　模型 2

建立如图 5.8 所示的正演模型，模型的地球背景电导率设为 0.01 S/m。地下介质中存在 1 个高阻异常体和 3 个低阻异常体。高阻异常体的大小为 750 m×1000 m×1000 m，顶面埋深为 500m，中心坐标为（-1125 m，1000 m，1000 m），电阻率为 500 Ω·m。低阻异常体 1 的大小为 500 m×1250 m×500 m，顶部埋深为 500 m，中心坐标为（-750 m，-875 m，750 m），电阻率为 50 Ω·m。低阻异常体 2 的大小为 500 m×750 m×500 m，顶部埋深为 500 m，中心坐标为（750 m，-875 m，750 m），电阻率为 10 Ω·m。低阻异常体 3 的大小为 500 m×1000 m×500 m，顶部埋深为 750 m，中心坐标为（1000 m，1000 m，1000 m），电阻率为 50 Ω·m。一次场计算中空气层的电导率为 $10^{-8}$ Ω·m，电离层的电导率为 $10^{-4}$ Ω·m。发射电流源位于坐标原点左侧，坐标为（-800 km，0，0）。两个发射电流源相互正交，分别沿着 $x$ 和 $y$ 方向，长度都为 100 km，电流为 100 A。地下模拟区域内的网格数量为 16×16×10，在地面上方设置一层空气层。在整个模拟区域外侧设置 6 层 PML，每层 PML 的厚度为 50 m，即每侧 PML 总厚度为 300 m。所以整个模拟区域的网格数量为 28×28×23，有限元方程组的自由度为 58319。一共采用 8 个频点，具体频率点与模型 1 一致。地表上一共存在 16×16 = 256 个观测点。

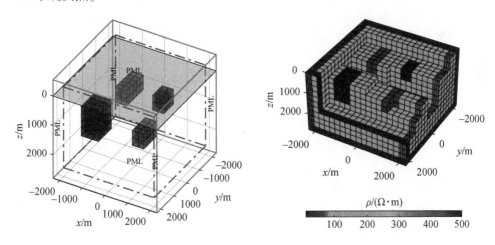

图 5.8　三维 WEM 正演模型 2

首先我们采用沿 $x$ 方向的电流源工作时观测到的 $Z_{xy}$ 数据来进行标量反演。标量 OCCAM 反演迭代 20 次，耗时约 92 个小时。标量 OCCAM 反演的初始拉格朗日因子 $\lambda$ 设为 $5×10^{-2}$，在每一次迭代中 $\lambda$ 降低至上一次的 2/5 左右。初始模型的地球背景电导率设为 88 Ω·m。标量 OCCAM 反演的 RMS 变化曲线如图 5.9 (a) 所示，经过 20 次迭代后下降了大概 3 个多数量级。图 5.9 (b) 为该模型的三维标量反演结果展示图。可以看出反演结果可以很好地反演出背景电阻率，而且对 4 个异常体的水平位置有很好的圈定。在竖直方向上，标量 OCCAM 反演对 3 个低阻体的底部也能大致反演出范围，而对于高阻体的反演稍微差一些。反演出的异常体电阻率也比较接近真实模型的电阻率。

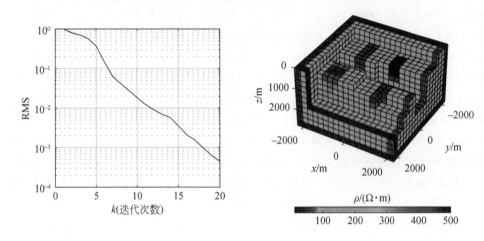

图 5.9　标量 OCCAM 方法的 RMS 曲线和反演结果

　　图 5.10 为标量拟牛顿 BFGS 方法的反演结果，耗时约为 76 个小时。初始模型的地球背景电导率设为 88 Ω·m，初始拉格朗日因子 $\lambda$ 设为 $5\times10^{-2}$，在下一次迭代中 $\lambda$ 变为上一次的 1/2 左右。图 5.10 (a) 为拟合差 RMS 变化曲线，迭代 500 次，RMS 从 1 下降到 0.011。图 5.10 (b) 是最终的反演结果，可以看到，反演效果差强人意，背景电阻率反演基本到位，4 个异常体的位置和高低阻属性也基本能反映出来。但是对异常体的电阻率反演，特别是高阻异常体的电阻率反演，仍然与真实模型有一定差距。同样地，与上节模型 1 一样，在迭代 500 次后，拟牛顿 BFGS 方法对异常体底部边界仍然反演得较差。

　　为了提升反演效果，我们对该模型进行张量观测，并对理论合成数据进行反演。图 5.11 为张量 OCCAM 的反演结果，反演耗时约为 281 个小时。初始模型的地球背景电导率设为 88 Ω·m，张量 OCCAM 反演的初始拉格朗日因子 $\lambda$ 设为 $5\times10^{-2}$，在每一次迭代中 $\lambda$ 降低至上一次的 2/5 左右。在迭代 20 次后，RMS 变化曲线从 1 下降到 0.00017232，如图 5.11 (a) 所示。图 5.11 (b) 为张量 OCCAM 法的反演结果，与图 5.9 (b) 中标量 OCCAM 法的反演结果相比，本次反演质量有很大的提升，对异常体的位置以及电导率反演得更到位。在水平方向

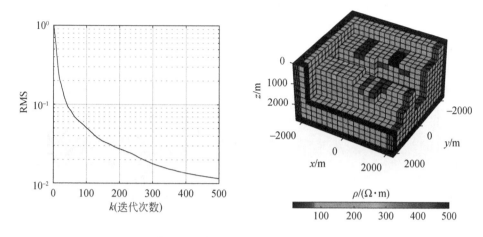

图 5.10　标量拟牛顿 BFGS 法的 RMS 曲线和反演结果

上，对 4 个异常体的边界圈定都很到位，在纵向方向上，对高阻体的厚度反演得更有进步，而且电阻率也更加贴近真实电阻率。

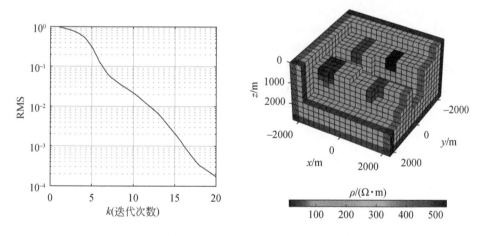

图 5.11　张量 OCCAM 方法的 RMS 曲线和反演结果

图 5.12 为张量观测数据的拟牛顿 BFGS 方法的反演结果，耗时约为 128 个小时。初始模型的地球背景电导率设为 88 Ω·m，初始拉格朗日因子 λ 设为 $5 \times 10^{-2}$，在下一次迭代中 λ 变为上一次的 1/2 左右。迭代 500 次，拟合误差 RMS 从 1 下降到 0.01282，如图 5.12（a）所示，后期收敛得略微缓慢。图 5.12（b）为张量数据的拟牛顿反演结果，其结果要远好于对应的标量数据的拟牛顿反演。对高阻异常体反演得更加清晰了，而且对中心坐标为（1000 m，1000 m，1000 m）

的低阻异常体反演得更好。但是在该低阻异常体与高阻体之间，反演出了一个略微明显的低阻区域，容易引起错误的地质解释。虽然张量数据的拟牛顿反演要好于标量数据的拟牛顿反演，但是其结果仍要差于标量数据的 OCCAM 反演。

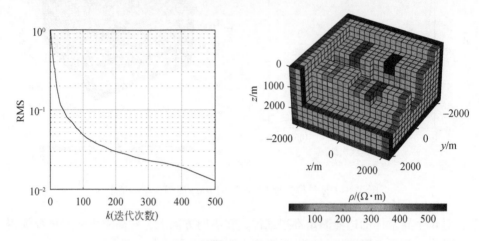

图 5.12　张量拟牛顿 BFGS 法的 RMS 曲线和反演结果

综上所述，同种反演方法的张量反演效果要优于标量反演，但张量反演的耗时是标量反演的几倍。OCCAM 反演方法效果要优于拟牛顿 BFGS 方法，但 OCCAM 反演占用内存更大，计算耗时更多。如果计算机条件允许的话，且时间充裕的话，提倡使用张量 OCCAM 反演。在野外数据采集时，如果条件允许的话，尽量使用张量观测。对实测数据的张量反演可以有效压制反演的虚假异常，且对目标地质体的边界定位更加准确，而且张量反演也具有更高的准确度和可靠度，方便后续的地质解释工作。

## 5.7　本章小结

本章主要介绍了 OCCAM 反演方法以及拟牛顿 BFGS 反演方法的基本原理，以及对比了其在三维理论观测数据反演中应用效果。

首先推导了常见的 OCCAM 反演算法和拟牛顿法的迭代过程，然后介绍了互易定理对雅可比矩阵的求取。在雅可比矩阵的求取过程中，发射源项不能忽略，否则雅可比矩阵不精确，会让反演收敛变慢，甚至不收敛。我们比较了 OCCAM 方法与拟牛顿 BFGS 方法在计算雅可比矩阵或者雅可比转置与向量乘积过程中需要的拟正演次数，OCCAM 方法的拟正演次数为拟牛顿法的测点数倍。OCCAM 不同测点处的拟正演计算是相互独立的，可以进行多核并行计算。而且 OCCAM 方法收敛较快，通常 20 次以内就能取得较好的反演结果。拟牛顿 BFGS 法相比收敛较慢，通常需要上百次，但耗时通常小于 OCCAM 方法。另外，本章还简单介绍了模型参数的边界约束，以及拟牛顿法中需要用到的 wolfe 线搜索准则。

　　通过本章两个模型的反演效果对比，OCCAM 和拟牛顿法的张量反演结果都要优于标量反演结果。但是这也是有时间代价的。OCCAM 的反演结果是要优于拟牛顿法 BFGS 的反演结果。两种方法的反演结果的水平分辨率都要优于纵向分辨率。拟牛顿 BFGS 法的反演结果在纵向上分辨率比较差。如果内存和时间条件允许的话，推荐使用 OCCAM 方法进行三维 WEM 反演，OCCAM 反演收敛更快，对初始模型的依赖较小，反演结果更加可靠稳定。

# 第 6 章　川东油气区明月峡 WEM 三维反演

明月峡构造测区的储油构造有背斜型圈闭构造、断层型圈闭构造，为典型的储油构造，构造宽且深，通过将接收的 WEM 电磁信号经过 WEM 电磁成像处理软件的处理，获得 10 km 深度范围内精度和分辨率比常规电磁方法高的电性结构，以此进行深层−超深层盆地油气资源地球物理探测。基于 2016 年国家重大科技基础设施建设项目《极低频探地（WEM）工程》"地下资源探测分系统"在距发射台约 700 km 的川东油气区明月峡构造（四川省邻水县丰禾镇与重庆长寿区葛兰镇交界）实施了 WEM 法的试验工作，野外实际观测 6 条剖面，有利于明月峡构造 WEM 数据的三维反演，结合二维地震勘查结果验证该方法对背斜构造及构造和含油气的识别能力。

## 6.1　测区概况

明月峡构造测区位于四川省邻水县丰禾镇与重庆长寿区葛兰镇交界，中心点位于北纬 30.1°，东经 107.02°。测区位于重庆市东北部，距市区直线距离约 100 km，属于四川邻水县与重庆市长寿区交界地带，位置如图 6.1 所示。测区整个地势中间高，两端低，中间山峰为四川与重庆的省界，测线两端分别与 S304 和 S102 省道相邻，可通过 S304 省道由丰禾镇到达复盛乡，葛兰镇可由 S102 省道到达。区内除了乡镇之间为水泥路外，其他均为曲折的机耕路。区内除了村落所在位置较为平缓，其余为山区，地形切割较深。测区内地形地貌如图 6.1 所示，6 条北西向的 WEM 测线，深色线条为测线位置，测线长度 16 km，测线间距约 2 km，测点间距 50 m，有效测点总数为 1355 个。

工区位于四川盆地川东南中隆高陡构造区华蓥山构造群明月峡构造带的中北部，明月峡构造带与大天池构造属同一构造带，该构造带主体呈膝折状，两侧均为宽缓的向斜区。北与大天池构造带鞍部相接，向南倾没于老赢山向斜（图 6.2）。

测区内明月峡构造以背斜为主，旁侧还有小的背斜和向斜构造，构造宽约 9 km，工区地腹构造复杂，呈东陡西缓的两翼不对称背斜构造，大小断裂发育。构造如图 6.2 所示。

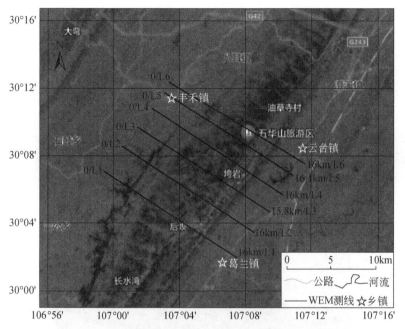

图 6.1　测区位置及测线布设示意图

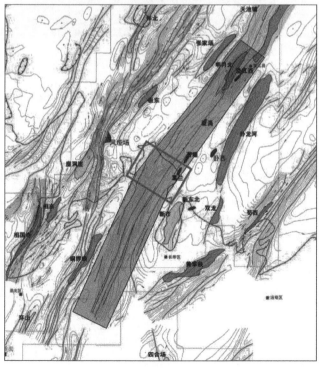

图 6.2　明月峡构造带区域位置示意图（粗框为测区）

通常，天然气密度最小，处在背斜构造的顶部，石油处在中间，下部则是水，寻找油气资源就是要先找这种地方。形成石油圈闭（oil trap）之地质结构有很多种类型：第一种类型称为背斜型圈闭（anticline trap），背斜型圈闭外形如窟隆状，天然气、石油和水均储存在储油岩（reservoir rock）内，而储油岩被一层非渗透性岩层所覆盖，它可防止天然气和石油逸离；第二种类型称为断层型圈闭（fault trap），因为不渗透性岩发生断层而阻止石油和天然气逃逸；第三种类型称为可变渗透性型圈闭，由于储油岩渗透性发生变化而导致石油无法逸离储油岩。

明月峡的储油构造有背斜型圈闭构造、断层型圈闭构造（图6.3），为典型的储油构造，构造宽且深。

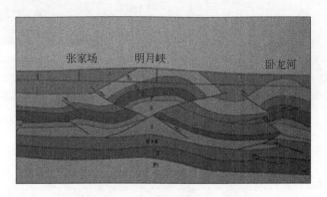

图6.3　明月峡构造地质断面图

据前人资料研究表明，川东地区的沉积地层齐全，厚度巨大。沉积旋回多变质微弱的特点，川东地腹与其他地区一样。地层沉积和构造演化可分为三个阶段，即三叠世之前碳酸盐岩台地发展阶段和侏罗纪至第四纪的陆相盆地发展阶段。区内地层由此为在中三叠统碳酸盐岩沉积的基础上，沉积了一套海陆过渡相及陆相的砂泥岩互层。明月峡地区地层层序正常，各岩层及岩性特征见表6.1。

工区中部明月峡构造主要出露飞仙关组、嘉陵江组、雷口坡组灰岩及须家河组石英砂岩，分布面积占整个工区的30%。

### 表6.1 明月峡构造区地层及岩性特征简表

| 界 | 系 | 统 | 阶（组） | 名称 | 代号 | 主要岩性 | 一般厚度/m |
|---|---|---|---|---|---|---|---|
| 中生界 | 侏罗系 | 中统 | 沙溪庙 | 沙溪庙 | $J_2s$ | 砂岩、泥岩 | 1000 |
| | | 下统 | 凉高山 | 凉高山 | $J_1l$ | 页岩、砂岩 | 150 |
| | | | 自流井 | 大安寨-马鞍山 | $J_1dn$-$J_1m$ | 页岩、灰岩 | 100 |
| | | | | 东岳庙 | $J_1d$ | 页岩夹灰岩 | 50 |
| | | | | 珍珠冲 | $J_1z$ | 砂质泥岩、砂岩 | 200 |
| | 三叠系 | 上统 | 须家河 | 须家河 | $T_3x$ | 砂岩、页岩夹煤 | 450 |
| | | 中统 | 雷口坡 | 雷二 | $T_2l^2$ | 灰岩 | 50 |
| | | | | 雷一 | $T_2l^1$ | 云岩夹石膏 | 200 |
| | | 下统 | 嘉凌江 | 嘉五$^2$ | $T_1j_2^5$ | 云岩夹石膏 | 65 |
| | | | | 嘉五$^1$ | $T_1j_1^5$ | 灰岩、云岩 | 25 |
| | | | | 嘉四$^4$ | $T_1j_4^4$ | 石膏夹云岩、灰岩 | 80 |
| | | | | 嘉四$^3$ | $T_1j_3^4$ | 灰岩、云岩 | 40 |
| | | | | 嘉四$^2$ | $T_1j_2^4$ | 石膏夹云岩 | 100 |
| | | | | 嘉四$^1$ | $T_1j_1^4$ | 灰岩、云岩夹石膏 | 25 |
| | | | | 嘉三 | $T_1j^3$ | 灰岩 | 200 |
| | | | | 嘉二$^3$ | $T_1j_3^2$ | 石膏夹云岩 | 85 |
| | | | | 嘉二$^2$ | $T_1j_2^2$ | 云岩、灰岩夹石膏 | 60 |
| | | | | 嘉二$^1$ | $T_1j_1^2$ | 云岩、石膏 | 30 |
| | | | | 嘉一 | $T_1j^1$ | 灰岩 | 250 |
| | | | 飞仙关 | 飞四 | $T_1f^4$ | 泥岩夹灰岩、石膏 | 30 |
| | | | | 飞三-飞一 | $T_1f^{3-1}$ | 灰岩、云岩 | 400 |
| 古生界 | 二叠系 | 上统 | 长兴 | 长兴 | $P_2ch$ | 灰岩 | 200 |
| | | | 龙潭 | 龙潭 | $P_2l$ | 灰岩硅质灰岩、页岩 | 130 |
| | | 下统 | 茅口 | 茅口 | $P_1m$ | 灰岩 | 260 |
| | | | 栖霞 | 栖霞 | $P_1q$ | 泥页岩、煤层 | 120 |
| | | | 梁山 | 梁山 | $P_1l$ | 泥页岩 | 10 |
| | 石炭系 | 上统 | 黄龙组 | 黄龙组 | $C_2hl$ | 灰岩、溶孔云岩 | 35 |
| | 志留系 | | 龙马溪组 | 龙马溪组 | $S$ | 页岩 | 65~516 |
| 元古界 | 震旦系 | | 灯影组 | 灯影组 | $Z$ | 白云岩和硅质白云岩 | |

## 6.2 WEM 数据采集

WEM 数据采集使用了由重庆地质仪器厂生产的人工源极低频电磁信号 CLEM 接收系统（包括感应式磁传感器和 DRU 接收机及其配件，见图 6.4）。CLEM 接收系统针对 WEM 方法的需求进行改进与创新，使得接收系统具备 WEM 数据采集、CSAMT 采集、MT 采集的功能，采样率统一采用 2.4 kHz，同时改进了仪器性能，提高了仪器的抗干扰能力。

图 6.4 CLEM 电磁观测系统

左上为 CLEM 系统宽频电测接收机 DRU，左下为 CLEM 系统中的掌上机，
中间为 CLEM 系统中的 IMC 系列感应式磁传感器，右侧为系统配件

使用 30 套 CLEM 人工源极低频采集系统，主要采用东西向天线发射，共完成测线 6 条。其中在 L1、L3 和 L5 三条测线上，采用正南北向 MT 方式布极（见图 6.5），正南北向电场为 $E_x$，正东西向电场为 $E_y$。在 L2、L4 和 L6 三条测线上将 MT 布极方式逆时针旋转，使 $x$ 轴正向沿测线指向小号点方向，$y$ 轴垂直于测线指向大号线方向（布极方式见图 6.6）。

每套设备可同时测量 3 个测点，中间的测点记录五分量（两个电场分量与三个磁场分量），两侧的测点只观测电场（两个分量），数据处理时参考中间测点的磁场。

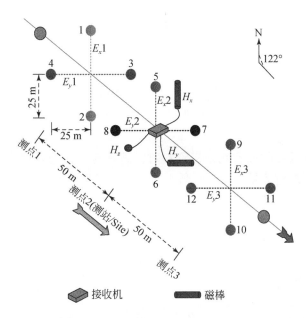

图 6.5　单套接收系统 MT 方式布设示意图（$E_x$ 正南北向，$E_y$ 正东西向）

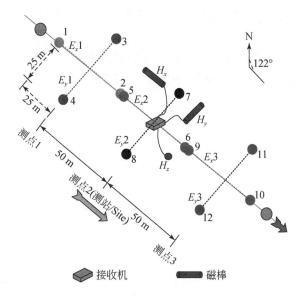

图 6.6　单套接收系统沿测线布设示意图（$E_x$ 沿测线方向，$E_y$ 垂直测线方向）

## 6.3　野外资料处理

WEM 模式用 2.4 kHz 采样率记录时间域数据。对时间域数据进行频谱分析，获得其电磁场频谱及卡尼亚视电阻率和阻抗相位资料，并绘制频谱曲线及视电阻率和阻抗相位曲线。根据需要进行曲线的圆滑及校正，然后进行数据反演，最终进行解释及成图。

人工源极低频接收设备在采集资料时，高频与低频的采样率均为 2.4 kHz，而且不管有没有发射信号，均不间断采集，每天采集时间不少于 20 小时，期间有信号发射时记录的是 WEM 信号，无信号发射时记录的大地电磁信号，经过对这两种数据处理后并合成为 WEM+MT，高采样率与长时间采集信号为 WEM 资料的多途径反演提供了基础。

WEM 采用电磁法中常用的视电阻率及相位公式（式 6.1）求取 WEM 方法的视电阻率及阻抗相位。

$$\rho_a = \frac{1}{\omega\mu}\left|\frac{\boldsymbol{E}}{\boldsymbol{H}}\right|^2$$

$$\varphi_\rho = \varphi_E - \varphi_H$$

(6.1)

其中 $\rho_a$ 为视电阻率，$\varphi_\rho$ 为阻抗相位。$\omega$ 是圆频率，$\mu$ 是磁导率，$\varphi_E$ 是电场相位，$\varphi_H$ 是磁场相位。

根据式（6.1）计算出 $xy$ 模式和 $yx$ 模式的视电阻率和阻抗相位值，并用绘图软件绘制原始视电阻率和阻抗相位曲线。受篇幅限制，这里只给出了一个测深点上的图件进行说明。

图 6.7 和图 6.8 分别是东西向天线发射时 L1 线 2050 m 处的 $xy$ 模式和 $yx$ 模式的原始视电阻率曲线图。在 L1 线上按照 MT 方式布极，即 $E_x$ 和 $H_x$ 代表南北向电、磁场，$E_y$ 和 $H_y$ 则表示东西向电、磁场。

从图 6.7 和图 6.8 可以看出，东西向电场 $E_y$ 幅值明显大于南北向 $E_x$，南北向磁场 $H_x$ 幅值明显大于东西向 $H_y$，这与东西向天线电磁场分布规律相符。

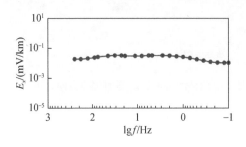
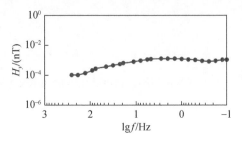

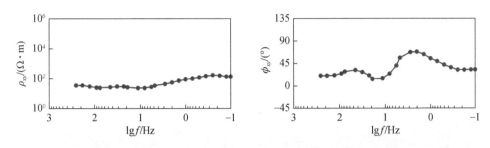

图 6.7　东西向天线发射时 L1 线 2050 m 点 *xy* 模式观测曲线

原始电场（上左）、磁场（上右）、视电阻率（下左）、阻抗相位曲线图（下右）

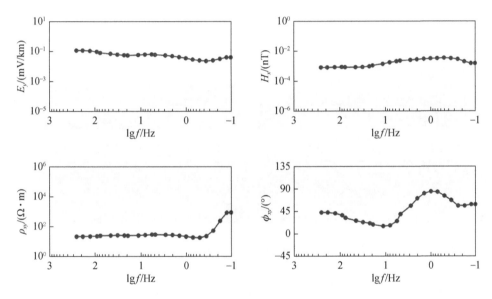

图 6.8　东西向天线发射时 L1 线 2050 m 点 *yx* 模式观测曲线

原始电场（上左）、磁场（上右）、视电阻率（下左）、阻抗相位曲线图（下右）

图 6.9～图 6.14 是 L1 至 L6 线 *xy* 和 *yx* 模式的视电阻率及相位拟断面图。在视电阻率拟断面图中，各视电阻率拟断面图上存在从浅部到深部贯通的条带状异常，而相位拟断面图则表现相对较好的分层性，表明存在一定的静态效应。从 *xy* 和 *yx* 两个模式的拟断面图中可以定性判断出地下电性的分布状态，即在明月峡构造下为高阻，而其两侧为接近层状的电性层，但具体的电性结构还需依赖进一步反演。

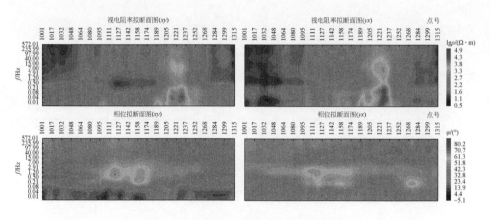

图 6.9　L1 线视电阻率及阻抗相位拟断面图

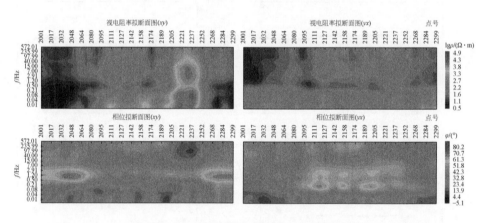

图 6.10　L2 线视电阻率及阻抗相位拟断面图

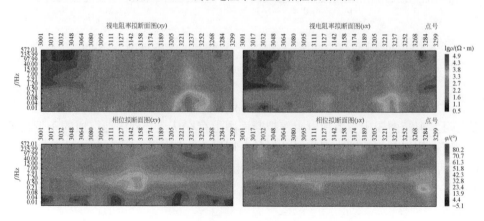

图 6.11　L3 线视电阻率及阻抗相位拟断面图

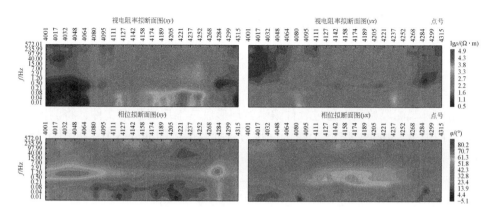

图 6.12　L4 线视电阻率及阻抗相位拟断面图

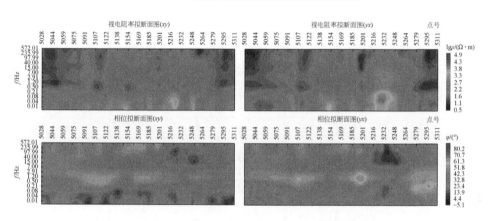

图 6.13　L5 线视电阻率及阻抗相位拟断面图

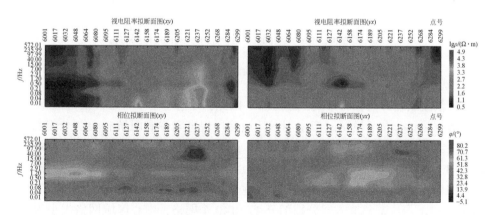

图 6.14　L6 线视电阻率及阻抗相位拟断面图

## 6.4　测区 WEM 数据反演

### 6.4.1　三维反演模型

由野外观测原始数据通过软件编辑整理形成三维反演数据文件，将测区的 6 条北西向的 WEM 测线 1355 个测深点转为三维数据域的部分区域，如图 6.15 所示，$X$ 方向为测线方向代表测线的东南方向。

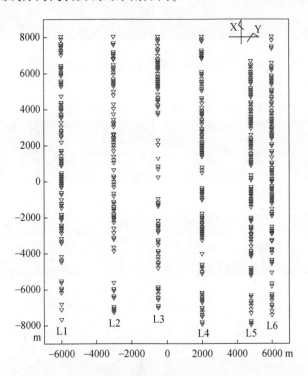

图 6.15　三维反演区域示意图

反演模型设计为长方形的网格分布。因此，筛选了用于三维反演的数据，使所用数据尽量分布于模型网格中间。反演使用视电阻率和阻抗相位两分组数据，共使用频率范围为 320 ~ 0.082 Hz 的 40 个频点数据。反演初始模型的有效规模设计为 12000 m（$Y$，测线方向，网格宽度 200 m）×16000 m（$X$，垂直测线方向，网格宽度 400m）×10000 m（$Z$，竖直方向），再在有效区外围增加阶段区域为 6 个 PML 层，$X$ 和 $Y$ 方向分别剖分 90 和 40 个网格，中心区域网格大小为 0.2 和 0.4（$X$、$Y$ 方向）km。竖直方向网格剖分为 50 层（不包含空气层）。

初始模型为电阻率为约束模型电阻率值，反演正则化因子为 1。最终，所有测点的反演拟合差小于 3.5，并且模型粗糙度与拟合差在同一量级，表明反演模型较为准确。使用的三维反演软件，在平台工作站计算时间 10 天，共迭代 174 次，占用内存 32 Gb。

图 6.16 为反演过程的数据拟合度图，最终 RMS 小于 3.5，说明数据拟合程度较为理想。

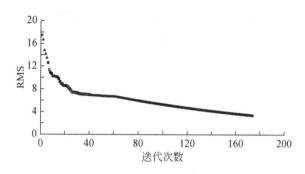

图 6.16　三维反演数据拟合度

## 6.4.2　反演对比效果

以明月峡 3 线为例加以说明。明月峡 3 线是距测区内唯一一口钻井（月 5 井）最近的测线，在 3 线上有 2D 地震剖面，根据同相轴画出了地层的分界面，见图 6.17，横轴为距离，纵轴为双程旅行时。图 6.18 是用 WEM+MT 资料 3D 反演的结果，从图中的电性分布可以得出反演断面图圆滑程度很高，地下电性更均匀，在山顶隆起处基本为高阻地层，而山两侧为低阻且呈现水平层状态，尤其左侧（北西）一侧的电性水平层更为明显。通过对 L3 线的地质解释，所推断的构造与地震资料所推断的地层及构造基本相吻合，表明用本书的 3D 反演软件获得的结果可作为明月峡地质解释的基础图件。

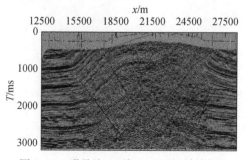

图 6.17　明月峡 L3 线 2D 地震反射剖面

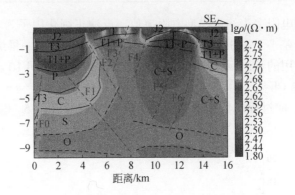

图 6.18　L3 线 3D 反演电阻率断面图

# 6.5　WEM 反演结果解释

据地质资料,明月峡构造区为川东南背斜区,山脊地形处为背斜的核部,为老地层,分别出露须家河组砂岩,雷口坡组、嘉陵江组和飞仙关组灰岩;两翼地层较新,为侏罗系砂泥岩出露。正常层序,无地层缺失。

三维反演的电阻率立体图和六条剖面断面如图 6.19 所示,每条线的反演深度均达到 10 km,根据电阻率的分布情况从上到下(由浅入深)可以分成三个大电性特征层:在山脊北西一侧的海拔 2 km 左右有一条低阻体地层,在山脊(测点 3~8km)的浅部有中高阻显示,在山脊东南一侧(测点 8~13km)的浅部为高阻体。这 3 个电性特征在各测线连续性较好,说明测区构造走向与测线基本垂直。解释结果如图 6.20 所示,从 L2 线至 L6 线的电阻率等值线特征来看,纵向上从浅至深呈现三层结构,海拔 -2000 以浅,从小号点(北西)至大号点(南东),有一薄厚不均的中高阻体。

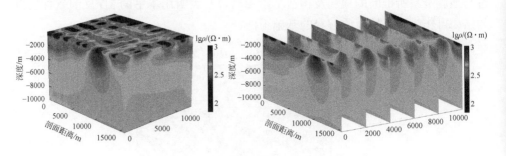

图 6.19　明月峡 3D 反演电阻率立体图和测线切片图

由图 6.20 的 6 条剖面推断的地层解释为：在 L1 线 0~9 km 地段，高程 1 km 以浅的低阻层推断为侏罗系（J）的砂泥岩和须家河组（$T_3$）的砂岩层，其下伏的中阻体为三叠系（T）和二叠系（P），主要岩性为三叠系下统（$T_1$）和二叠系（P）灰岩，其中夹杂石膏和泥岩；该地层下伏的中高阻体为厚度较薄的石炭系（C）灰岩和志留系（S）的页岩；该地层之下为奥陶系灰岩和白云岩，高程 9 km 以深可能为震旦系（Z）的灰岩为主。在 9~13 km 处浅表处的低阻和高阻均出现表明灰岩直接出露地面，从浅至深为三叠系（T）和二叠系（P），以及石炭系（C）灰岩和志留系（S）的页岩，奥陶系灰岩和白云岩，高程 8.7 km 以深可能为震旦系（Z）地层的白云岩为主。13~16 km 的地层和西南侧的大体一致，但各层的厚度均小于西南侧。

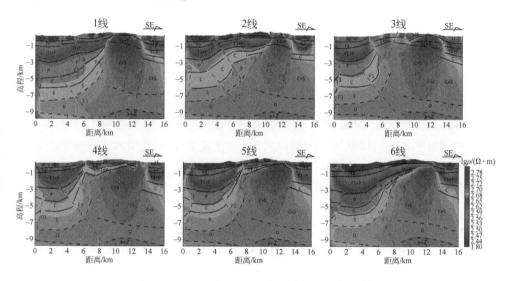

图 6.20　明月峡 3D 反演电阻率及地质解释图

J：侏罗系砂泥岩地层，T：三叠系地层，$T_1$：三叠系下统，$T_3$：须家河组砂岩层；P：二叠系地层，岩性主要为灰岩，其中夹杂石膏和泥岩，C：石炭系灰岩层，S：志留系页岩和泥页岩，夹杂煤层，O：奥陶系灰岩和白云岩，夹杂煤层，Z：震旦系地层，白云岩为主。红线为推断断层，黑线为推断的地层界面

其他 5 条剖面的地层分布与 L1 线大体相同，但主要差别在于剖面中东南部的高阻灰岩形成的背斜出露规模的不一致，在 L2 线剖面仅有 10~13 km 处出露，L3 线在 4~13 km 处间断出露，L4 线在 5~13 km 处出露较少，基本由低阻和中阻的侏罗系（J）的砂泥岩、须家河组（$T_3$）的砂岩层、三叠系下统（$T_1$）和二叠系（P）灰岩组成的覆盖层；L6 线的高阻灰岩的背斜上覆盖层较深于其他测线。从反演得电性断面推断的地层岩性结构可以得出，由于测区处于挤压应力作用区，明月峡构造地面构造为不对称背斜，轴向北东，轴线略微扭曲，东翼较

陡，西翼相对较缓。

在电磁法反演断面解释中，断层在反演电阻率等值线上表现为等值线错动、扭曲或变形，地层产状不一致，会造成等值线发生变化。特别是构造两翼的断层，在电阻率等值线上常表现为在断点附近明显错位。在断层解释过程中，非常重视断层平面的合理性和上下叠合的一致性，做到反演电阻率等值线层位、断层面闭合、断点位置、断层组合与钻井资料及地下地质规律相符合。

工区内断层主要为逆断层，走向以东北向为主，断层走向与主体构造带平行或近似平行。规模较大、延伸较远的断层发育在明月峡构造的东南翼，明月峡构造西北翼断层也较多，除 $F_0$ 和 $F_2$ 断层落差较大外，其余断层落差不大。从明月峡 3D 反演电阻率及地质解释图中（图 6.20）可以看出，断面既有西北倾，又有南东倾。测区反演结果解释如 L2 线为例（图 6.20），$F_0$ 位于明月峡构造北西翼，断层倾向为北西倾，断面角度较大，断距从 0 到 2000 m。$F_1$ 位于明月峡构造北西翼，断层倾向为南东倾，断面 30° 至 40°，断距从 0 到 500 m，断裂向上消失于二叠系，断裂向下消失于震旦系。$F_2$ 位于明月峡构造北西翼，断层倾向为南东倾，断面 40° 至 50°，断距从 0 到 1000 m，断裂向下消失于奥陶系。$F_3$ 位于明月峡构造上，断层倾向为北西倾，断裂向下消失于志留系，向上消失于侏罗系。$F_4$ 和 $F_5$ 均明月峡构造主控断层，断层倾向为北西倾，断裂向下消失于石炭系。$F_6$ 为明月峡构造东南翼，断层倾向为北西倾，断裂向下消失于石炭系。

依据明月峡 3D 反演电阻率及地质解释图（图 6.20）得到构造解释图（图 6.21），可得出断层的走向展布，呈近北东–南西向条带展布。

明月峡构造测区的储油构造有背斜型圈闭构造、断层型圈闭构造，为典型的储油构造，构造宽且深，通过将接收的 WEM 电磁信号经过 WEM 电磁成像处理软件的处理，获得 10 km 深度范围内精度和分辨率比常规电磁方法高的电性结构，为深层–超深层盆地储层预测提供了关键依据。根据 WEM 探测成果，结合已有的石油地质资料及收集到的测井资料综合分析确定，该区可能存在如下的含油（气）藏目的层段。

## 1. 二叠系含油（气）藏目的层段

从四川盆地二叠系的岩性组合来看，龙潭组的顶板和底板分别为长兴组灰岩和茅口组灰茅口组灰岩，顶底板灰岩的厚度大，长兴组和茅口组的厚度分别达到 200m 左右，良好的顶底板条件确保了在水平井压裂施工中地层的稳定性，不会造成地下水的沟通。

此区段厚层隐晶质灰岩、生物碎屑灰岩、生物礁灰岩为主，上部黑色碳质页岩夹透镜状白云质灰岩，厚 240 ~ 800 m。在该地区测井的含气藏位置表现为中低

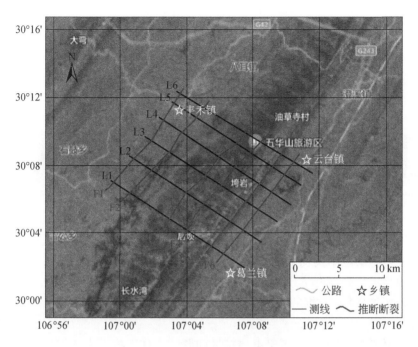

图 6.21　明月峡构造解释图

阻区。其下茅口组 $P_1m$、栖霞组 $P_1q$、梁山组 $P_1l$ 的碳质页岩、煤层、黑色有机质硅质的灰岩为低阻；其上，飞仙关组一段 $T_1f_1$ 云岩和灰岩为高阻，作为盖层存在。WEM 反演的电阻率结果在深度 2km 左右的低阻带对应上述层位，定为该区的油气藏有利区。

2. 石炭系和志留系页岩含油（气）藏目的层段

根据当地已有钻井揭露，石炭系为含油气藏地层，但该层较薄，仅有几十米，故在 WEM 结果上未显示。但该区发育的志留系页岩层较厚，最厚达 1500 m，在 WEM 结果上表现为中阻，各条测线的反映相近。志留系岩性为深灰、灰及灰绿色砂、页岩，页岩有机碳含量高，按照生油岩判别标准（有机碳含量大于 0.5%），志留系是提供石炭系气藏天然气的重要气源层，为该区的油气藏有利目的层，具有较重要的勘探潜力。

3. 震旦系含油（气）藏目的层段

在高程约 9 km 处为震旦系灯影组顶界面，可能是该区未来深部油气藏有利目的层，具有较重要的勘探潜力。

# 第 7 章  结论与展望

## 7.1  结  论

本书围绕人工源极低频电磁法正反演这一目标开展研究，简单地介绍了 WEM 的发展过程和基本原理，详细介绍了 WEM 的一次场计算和二次场的有限单元法计算，推导了可应用于 WEM 正演模拟区域截断的完全匹配层边界条件，随后采用了常用的最优化方法 OCCAM 方法和拟牛顿方法对理论合成数据进行了反演研究。本书基本实现了 WEM 正演和反演功能，可以对不同收发距下的不同电阻率模型进行高精度仿真，以及对理论观测数据进行三维标量和张量反演，为之后野外实测 WEM 数据的张量反演铺下基础。统揽全篇，主要创新点有以下三个方面。

（1）传统的 PML 公式不是电磁扩散问题的最佳选择，为此提出了一种新的适合电磁扩散场的 PML 公式，该公式可以在扩散场上获得良好的截断性能。将所提出的 PML 公式可应用于辐射问题和散射问题，可以在频域用有限元法计算电场，通过数值算例表明，与解析解和传统网格扩展法的解相比，提出的扩散场 PML 算法是有效的，在较宽的应用范围内相对误差较小。与传统的网格扩展方法相比，PML 可以显著降低网格扩展的工作量，节约计算资源。

（2）提出了针对于电磁扩散场的完全匹配层公式，正演时将总场分离成一次场和二次场独立计算，可以将单轴各向异性完全匹配层应用于二次场的模拟区域截断中。虽然勘探电磁法中空气层是一个应用 PML 的阻碍，但是通过设置合理的 PML 参数，也能达到可接受的误差范围。PML 可以适用于较宽的频率或模型电阻率范围，仅 6 层的 PML 可以应对宽范围的模型参数变化，达到稳定的吸收性能。

（3）在反演中，同样将 PML 技术引入到模型建模中，无须进行大距离的网络延拓，6 层的 PML 可以达到大距离网格延伸的效果。PML 技术使用便捷，不需要考虑 PML 的网格大小，对模型参数不敏感。另外，采用 PML 的模型也能方便地展示反演结果，使得成图主要集中在目标研究区域。

# 7.2　展　　望

　　虽然我们在研究过程中取得了一定的成果，但现有成果中仍然存在着诸多不足，需要进一步提高。

　　（1）有限单元法正演中采用的是六面体网格单元，可以尝试使用四面体网格来模拟复杂的模型以及边界，这样可以减少网格化的工作强度；

　　（2）正演采用的是 CPU 多核并行，尽管已经修改语法让运行速度较快，但是依然可以尝试使用 GPU 并行，使正演速度得以更大提升；

　　（3）在电磁勘探领域中，空气层是应用完全匹配层边界条件的一个巨大障碍，期待未来有便捷算法可以忽略空气层区域的计算；

　　（4）由于完全匹配层是各向异性介质，所以在求解正演方程组的时候，相对于同网格规模的各向同性介质来说，稍微耗时一些；

　　（5）由于当前计算机的计算能力有限，我们反演计算的模型网格相对较小，下一步可以考虑在超大型工作站上进行大网格模型计算；

　　（6）反演方法中选取拉格朗日因子的方式较为简单，可以进一步采用自适应的拉格朗日因子选取方式；

　　（7）反演部分的理论合成数据没有考虑误差，可以在理论观测数据中添加部分噪声，并使用合理的拟合差衡量公式。

# 参 考 文 献

曹萌 2016. 人工源极低频电磁法三维数据空间 OCCAM 反演研究［D］. 北京：中国地质大学
　　博士论文.

陈小斌, 赵国泽. 2009. 关于人工源极低频电磁波发射源的讨论——均匀空间交流点电流源的
　　解［J］. 地球物理学报, 8: 2158-2164.

陈小斌, 赵国泽, 汤吉, 等. 2005. 大地电磁自适应正则化反演算法［J］. 地球物理学报, 48:
　　937-946.

底青云, 王若. 2008. 可控源音频大地电磁数据正反演及方法应用［M］. 北京：科学出版社.

底青云, 王光杰, 王妙月, 等. 2009. 长偶极大功率可控源激励下目标体电性参数的频率响应
　　［J］. 地球物理学报, 52: 275-280.

底青云, 朱日祥, 薛国强, 等. 2019. 我国深地资源电磁探测新技术研究进展［J］. 地球物理
　　学报, 62: 2128-2138.

冯德山, 王珣. 2017. 基于卷积完全匹配层的非规则网格时域有限元探地雷达数值模拟［J］.
　　地球物理学报, 60: 413-423.

冯德山, 杨良勇, 王珣. 2016. 探地雷达 FDTD 数值模拟中不分裂卷积完全匹配层对倏逝波的
　　吸收效果研究［J］. 地球物理学报, 59: 4733-4746.

付长民, 底青云, 王妙月. 2010. 计算层状介质中电磁场的层矩阵法［J］. 地球物理学报, 53:
　　177-188.

付长民, 底青云, 许诚, 等. 2012. 电离层影响下不同类型源激发的电磁场特征［J］. 地球物
　　理学报, 55: 3958-3968.

高明亮, 于生宝, 郑建波, 等. 2016. 基于 IGA 算法的电阻率神经网络反演成像研究［J］. 地
　　球物理学报, 59: 4372-4382.

葛德彪, 魏兵. 2014. 电磁波时域计算方法：时域有限元法［M］. 西安：西安电子科技大学出
　　版社.

胡祖志, 胡祥云, 何展翔. 2006. 大地电磁非线性共轭梯度拟三维反演［J］. 地球物理学报,
　　49: 1226-1234.

康敏, 胡祥云, 康健, 等. 2017. 大地电磁二维反演方法分析对比［J］. 地球物理学进展, 32:
　　476-486.

雷达. 2010. 起伏地形下 CSAMT 二维正反演研究与应用［J］. 地球物理学报, 53: 982-993.

雷达, 张国鸿, 黄高元, 等. 2014. 张量可控源音频大地电磁法的应用实例［J］. 工程地球物
　　理学报, 11: 286-294.

雷达, 底青云, 杨良勇, 等. 2019. 极低频电磁法在超深层油气探测中的应用–以川中油田为例
　　［C］. 2019 年中国地球科学联合学术年会论文集（三十一）——专题 84：超深层（油气）重

磁电震勘探技术.

李帝铨,底青云,王妙月.2010.电离层-空气层-地球介质耦合下大尺度大功率可控源电磁波响应特征研究[J].地球物理学报,53:411-420.

李帝铨,底青云,王妙月.2011."地-电离层"模式有源电磁场一维正演[J].地球物理学报,54:2375-2388.

李萌.2016.大尺度复杂模型极低频电磁法三维积分方程正演研究[D].北京:中国科学院大学博士论文.

林昌洪,谭捍东,舒晴,等.2012.可控源音频大地电磁三维共轭梯度反演研究[J].地球物理学报,55:3829-3838.

刘云鹤,殷长春.2013.三维频率域航空电磁反演研究[J].地球物理学报,56:4278-4287.

马昌凤.2010.最优化方法及其Matlab程序设计[M].北京:科学出版社.

欧阳涛.2019.极低频电磁法多重网格准线性近似三维正演与偏移成像研究[D].北京:中国科学院大学博士论文.

秦策,王绪本,赵宁.2017.基于二次场方法的并行三维大地电磁正反演研究[J].地球物理学报,60:2456-2468.

谭捍东,余钦范,魏文博.2003.大地电磁法三维交错采样有限差分数值模拟[J].地球物理学报,46:705-711.

汤井田,周峰,任政勇,等.2018.复杂地下异常体的可控源电磁法积分方程正演[J].地球物理学报,61:1549-1562.

王鹤,刘梦琳,席振铢,等.2018.基于遗传神经网络的大地电磁反演[J].地球物理学报.61:1563-1575.

王堃鹏.2017.张量CSAMT三维主轴各向异性正反演研究[D].北京:中国地质大学博士论文.

王若,王妙月.2003.可控源音频大地电磁数据的反演方法[J].地球物理学进展,18:197-202.

王显祥,底青云,许诚2014.CSAMT的多偶极子源特征与张量测量[J].地球物理学报,2:651-661.

翁爱华,刘云鹤,贾定宇,等.2012.地面可控源频率测深三维非线性共轭梯度反演[J].地球物理学报,55:3506-3515.

吴小平,徐果明.1998.大地电磁数据的Occam反演改进[J].地球物理学报,04:547-554.

许诚.2012.复杂模型有源电磁场三维积分方程法正演数值模拟[D].北京:中国科学院大学博士论文.

许滔滔.2020.基于卷积神经网络的大地电磁二维反演[D].北京:中国科学院大学硕士论文.

薛帅,白登海,唐静,等.2017.耦合PML边界条件的三维大地电磁二次场有限差分法[J].地球物理学报,60:337-348.

殷长春,刘云鹤,熊彬.2020.地球物理三维电磁反演方法研究动态[J].中国科学:地球科学,(3):4.

赵国泽,汤吉,邓前辉,等.2003.人工源超低频电磁波技术及在首都圈地区的测量研究[J].地学前缘,10:248-257.

赵国泽, 王立凤, 汤吉, 等. 2010. 地震监测人工源极低频电磁技术（CSELF）新试验 [J]. 地球物理学报, 53: 479-486.

赵国泽, Bi YaXin, 王立凤, 等. 2015. 中国地震交变电磁场观测数据处理技术新进展 [J]. 中国科学: 地球科学, 45 (1): 22-33.

赵宁, 王绪本, 秦策, 等. 2016. 三维频率域可控源电磁反演研究 [J]. 地球物理学报, 59: 330-341.

卓贤军, 赵国泽. 2004. 一种资源探测人工源电磁新技术 [J]. 石油地球物理勘探, 39: 114-117.

Al-Shamma'a A, Shaw A, and Saman S. 2004. Propagation of electromagnetic waves at MHz frequencies through seawater [J]. IEEE Transactions on Antennas and Propagation, 52 (11): 2843-2849.

Avdeev D, Avdeeva A. 2009. 3D magnetotelluric inversion using a limited-memory quasi-Newton optimization [J]. Geophysics, 74: 45-57.

Bashkuev Y B, Khaptanov V. 2001. Deep radio impedance sounding of the crust using the electromagnetic field of a VLF radio installation. Izvestiya [J]. Physics of the Solid Earth, 37: 157-165.

Berenger J-P. 1994. A perfectly matched layer for the absorption of electromagnetic waves [J]. Journal of Computational Physics, 114: 185-200.

Berenger J-P. 2002. Application of the CFS PML to the absorption of evanescent waves in waveguides [J]. IEEE Microwave and Wireless Components Letters, 12: 218-220.

Berenger J and Jean-Piene. 2002. Numerical reflection from FDTD-PMLs: a comparison of the split PML with the unsplit and CFS PMLs [J]. IEEE Transations on Antennas and Propagation, 50 (3): 258-265.

Cagniard L. 1953. Basic theory of the magneto-telluric method of geophysical prospecting [J]. Geophysics, 18: 605-635.

Cai H, Xiong B, Han M, et al. 2014. 3D controlled-source electromagnetic modeling in anisotropic medium using edge-based finite element method [J]. Computers & Geosciences, 73: 164-176.

Cai H, Hu X, Li J, et al. 2017. Parallelized 3D CSEM modeling using edge-based finite element with total field formulation and unstructured mesh [J]. Computers & Geosciences, 99: 125-134.

Cao M, Tan H-D, Wang K-P. 2016. 3D LBFGS inversion of controlled source extremely lowfrequency electromagnetic data [J]. Applied Geophysics, 13: 689-700.

Chang D, Wait J 1974. Extremely low frequency (ELF) propagation along a horizontal wire located above or buried in the earth [J]. IEEE Transactions on Communications, 22: 421-427.

Chevalier M. W. and Inan U. S., 2004. A PML using a convolutional curl operator and a numerical reflection coefficient for general linear media, IEEE Trans [J]. Antennas Propag., 52 (7): 1647-1657.

Chew W C, Weedon W H. 1994. A 3D perfectly matched medium from modified Maxwell's equations with stretched coordinates [J]. Microwave and optical technology letters, 7: 599-604.

Constable S C, Parker R L, Constable C G. 1987. Occam's inversion: A practical algorithm for generating smooth models from electromagnetic sounding data [J] . Geophysics, 52: 289-300.

Correia D, Jin J- M. 2005. On the development of a higher- order PML [J] . IEEE Transactions on Antennas and Propagation. 53: 4157-4163.

Cummer S A. 2000. Modeling electromagnetic propagation in the Earth- ionosphere waveguide [J] . IEEE Transactions on Antennas and Propagation. 48: 1420-1429.

De la Kethulle de Ryhove S, Mittet R. 2014. 3D marine magnetotelluric modeling and inversion with the finite- difference time- domain method [J] . Geophysics, 79: 269-286.

deGroot- Hedlin C, Constable S. 1990. Occam's inversion to generate smooth, two- dimensional models from magnetotelluric data [J] . Geophysics, 55: 1613-1624.

Fang S, Gao G-z, Torres- Verdin C. 2006. Efficient 3D electromagnetic modelling in the presence of an- isotropic conductive media, using integral equations [J] . Exploration Geophysics, 37: 239-244.

Farquharson C G, Miensopust M P. 2011. Three-dimensional finite-element modelling of magnetotelluric data with a divergence correction [J] . Journal of Applied Geophysics, 75: 699-710.

Feng N, Zhang Y, Sun Q, et al. 2018. An accurate 3- D CFS- PML based Crank- Nicolson FDTD method and its applications in low- frequency subsurface sensing [J] . IEEE Transactions on Antennas and Propagation, 66: 2967-2975.

Gedney D S. 1996 (a) . An Anisotropic PML Absorbing Media for the FDTD Simulation of Fields in Lossy and Dispersive Media. Electromagn. , 16 (4): 399-415.

Gedney S. 2005. Perfectly matched layer absorbing boundary condition in Computational Electrodynamics: The Finite- Difference Time Domain Method, 3rd ed, A. Taflove and S. Hagness, Eds. Norwood, MA: Artech House.

Gedney S D. 1996. An anisotropic perfectly matched layer-absorbing medium for the truncation of FDTD lattices [J] . IEEE Transactions on Antennas and Propagation, 44: 1630-1639.

Gedney S D, Taflove A. 1998. The perfectly matched layer absorbing medium [J] . Advances in Com- putational Electrodynamics: The Finite- Difference Time- Domain Method: 263-344.

Goldstein M, Strangway D. 1975. Audio- frequency magnetotellurics with a grounded electric dipole source [J] . Geophysics, 40: 669-683.

Gurel L, Oguz U. 2001. Simulations of ground- penetrating radars over lossy and heterogeneous grounds [J] . IEEE Transactions on Geoscience and Remote Sensing, 39: 1190-1197.

Han B, Li Y, Li G. 2018. 3D forward modeling of magnetotelluric fields in general anisotropic media and its numerical implementation in Julia [J] . Geophysics, 83: 29-40.

Hu Y, Li T, Fan C, et al. 2015. Three- dimensional tensor controlled- source electromagnetic modeling based on the vector finite- element method [J] . Applied Geophysics, 12: 35-46.

Hu Y, Egbert G, Ji Y, et al. 2017. A novel CFS-PML boundary condition for transient electromagnetic simulation using a fictitious wave domain method [J] . Radio Science, 52: 118-131.

Irving J, Knight R. 2006. Numerical modeling of ground-penetrating radar in 2-D using MATLAB [J] . Computers & Geosciences, 32: 1247-1258.

Ji Y J, Hu Y P and Imamura N. 2017. Three-Dimensional Transient Electromagnetic Modeling Based on Fictitious Wave Domain Methods [J]. Pure Appl. Geophys., 174 (5): 2077-2088.

Jiang F, Dai Q, Dong L. 2016. Nonlinear inversion of electrical resistivity imaging using pruning Bayesian neural networks [J]. Applied Geophysics, 13: 267-278.

Jin J M. 2014. Introduction to the finite element method, The Finite Element Method in Electromagnetics, 3rd ed [M]. New York: Wiley-IEEE.

Jin J M. 2015. The finite element method in electromagnetics [M]. John Wiley & Sons.

Kelbert A, Egbert G D, Schultz A. 2008. Non-linear conjugate gradient inversion for global EM induction: resolution studies [J]. Geophysical Journal International, 173: 365-381.

Key K. 2009. 1D inversion of multicomponent, multifrequency marine CSEM data: Methodology and synthetic studies for resolving thin resistive layers [J]. Geophysics, 74: 9-20.

Kirillov V. 1996. Two-dimensional theory of elf electromagnetic wave propagation in the earth-ionosphere waveguide channel [J]. Radiophysics and Quantum Electronics, 39: 737-743.

Kuzuoglu M, Mittra R. 1996. Frequency dependence of the constitutive parameters of causal perfectly matched anisotropic absorbers [J]. IEEE Microwave and Guided Wave Letters, 6: 447-449.

Li D, Di Q, Wang M, et al. 2015. 'Earth-ionosphere' mode controlled source electromagnetic method [J]. Geophysical Journal International, 202: 1848-1858.

Li G, Han B. 2017. Application of the perfectly matched layer in 2.5 D marine controlled-source electromagnetic modeling [J]. Physics of the Earth and Planetary Interiors, 270: 157-167.

Li G, Li Y, Han B, et al. 2018. Application of the perfectly matched layer in 3-D marine controlled-source electromagnetic modelling [J]. Geophysical Journal International, 212: 333-344.

Li Y, Pek J. 2008. Adaptive finite element modelling of two-dimensional magnetotelluric fields in general anisotropic media [J]. Geophysical Journal International, 175: 942-954.

Liu W, Lü Q, Yang L, et al. 2020. Application of Sample-Compressed Neural Network and Adaptive-Clustering Algorithm for Magnetotelluric Inverse Modeling [J]. IEEE Geoscience and Remote Sensing Letters, (Early Access).

Lu J, Li Y, Du Z 2019. Fictitious wave domain modelling and analysis of marine CSEM data [J]. Geophysical Journal International, 219: 223-238.

Mackie R L, Madden T R. 1993. Three-dimensional magnetotelluric inversion using conjugate gradients [J]. Geophysical Journal International, 115: 215-229.

Michael M W, Michael V, Rutter H, et al. 2005. An all-frequency resistivity-depth and static-correction technique for CSAMT data, with applications to mineralised targets under glacial cover (Western Tasmania) and basalt cover (Victorian goldfields) [J]. Exploration Geophysics, 36: 287-293.

Mitsuhata Y, Uchida T. 2004. 3D magnetotelluric modeling using the T-$\Omega$ finite-element method [J]. Geophysics, 69: 108-119.

Mittet R. 2010. High-order finite-difference simulations of marine CSEM surveys using a correspondence principle for wave and diffusion fields [J]. Geophysics, 75 (1): F33-F50.

Newman G A, Alumbaugh D L. 2000. Three-dimensional magnetotelluric inversion using non-linear conjugate gradients [J]. Geophysical Journal International, 140: 410-424.

Paterson N R, Ronka V. 1971. Five years of surveying with the Very Low Frequency—Electro magnetics method [J]. Geoexploration, 9: 7-26.

Pekel U, Mittra R. 1995. An application of the perfectly matched layer (PML) concept to the finite element method frequency domain analysis of scattering problems [J]. IEEE Microwave Guided Wave Lett. , 5 (8): 258-260.

Ren Z, Kalscheuer T, Greenhalgh S, et al. 2013. A goal-oriented adaptive finite-element approach for plane wave 3-D electromagnetic modelling [J]. Geophysical Journal International, 194: 700-718.

Roden J A, Gedney S D. 2000. Convolution PML (CPML): An efficient FDTD implementation of the CFS-PML for arbitrary media [J]. Microwave and Optical Technology Letters, 27: 334-339.

Roden J A and Gedney S. 2000b. An efficient FDTD implementation of the PML with CFS in general media, IEEE Antennas Propagat. Soc. Int. Symp. , Salt Lake City, UT, 3: 1362-1365.

Rodi W, Mackie R L. 2001. Nonlinear conjugate gradients algorithm for 2-D magnetotelluric inversion [J]. Geophysics, 66: 174-187.

Rylander T, Jin J M. 2004. Perfectly matched layer for the time domain finite element method [J]. Journal of Computational Physics. 200: 238-250.

Rylander T, Jin J M. 2005. Perfectly matched layer in three dimensions for the time-domain finite element method applied to radiation problems [J]. IEEE Transactions on Antennas and Propagation, 53 (4): 1489-1499.

Sacks Z S, Kingsland D M, Lee R, et al. 1995. A perfectly matched anisotropic absorber for use as an absorbing boundary condition [J]. IEEE Transactions on Antennas and Propagation, 43: 1460-1463.

Simpson F, Bahr K. 2005. Practical magnetotellurics [M]. Cambridge: Cambridge University Press.

Simpson J J, Taflove A. 2004. Three-dimensional FDTD modeling of impulsive ELF propagation about the Earth-sphere [J]. IEEE Transactions on Antennas and Propagation, 52: 443-451.

Siripunvaraporn W, Egbert G. 2000. An efficient data-subspace inversion method for 2-D magnetotelluric data [J]. Geophysics, 65: 791-803.

Taflove A, Hagness S C. 2005. Computational electrodynamics: the finite-difference time-domain method [M]. New York: Artech house.

Tikhonov A. 1950. On determining electrical characteristics of the deep layers of the Earth's crust [C]. Doklady. Citeseer, 73: 295-297.

Uduwawala D, Norgren M, Fuks P, et al. 2005. A complete FDTD simulation of a real GPR antenna system operating above lossy and dispersive grounds [J]. Progress In Electromagnetics Research. 50: 209-229.

Velikhov E, Zhamaletdinov A, Shevtsov A, et al. 1998. Deep electromagnetic studies with the use of powerful ELF radio installations [J]. IZVESTIIA PHYSICS OF THE SOLID EARTH C/C OF FIZIKA ZEMLI-ROSSIISKAIA AKADEMIIA NAUK, 34: 615-632.

Wait J. 2012. Geo-electromagnetism [M]. Amsterdam: Elsevier.

Wannamaker P E. 1997. Tensor CSAMT survey over the Sulphur Springs thermal area, Valles Caldera, New Mexico, United States of America, Part I: Implications for structure of the western caldera [J]. Geophysics, 62: 451-465.

Wannamaker P E, Stodt J A, Rijo L. 1987. A stable finite element solution for two-dimensional magnetotelluric modelling [J]. Geophysical Journal International, 88: 277-296.

Wrenger J-P. 2002. Numerical reflection from FDTD-PMLs: a comparison of the split PML with the unsplit and CFS PMLs [J]. IEEE Transactions on Antennas and Propagation, 50: 258-265.

Xiao T, Liu Y, Wang Y, et al. 2018. Three-dimensional magnetotelluric modeling in anisotropic media using edge-based finite element method [J]. Journal of Applied Geophysics, 149: 1-9.

Xu J and Janaswamy R. 2008. On the Diffusion of Electromagnetic Waves and Applicability of Diffusion Equation to Multipath Random Media [J]. IEEE Transations on Antennas and Propagation, 56 (4): 1110-1121.

Xue G, Yan S, Gelius L J, et al. 2015. Discovery of a major coal deposit in China with the use of a modified CSAMT method [J]. Journal of Environmental and Engineering Geophysics, 20 (1): 47-56.

Yan S, Fu J. 2004. An analytical method to estimate shadow and source overprint effects in CSAMT sounding [J]. Geophysics, 69: 161-163.

Yang L, Lei D, Di Q. 2020a. A Perfectly Matched Layer Metric for the Electromagnetic Diffusion Field [J]. IEEE Transactions on Antennas and Propagation, (Early Access).

Yang L, Lei D, Li H, et al. 2020b. Comparison of response characteristics between the electromagnetic method of "Earth-ionosphere" mode and traditional magnetotellurics [J]. Exploration Geophysics. 51: 221-231.

Zhang R, Sun Q, Zhuang M, et al. 2019. Optimization of the periodic PML for SEM [J]. IEEE Transactions on Electromagnetic Compatibility, 61 (5): 1578-1585.

Zhdanov M, Varentsov I M, Weaver J, et al. 1997. Methods for modelling electromagnetic fields results from COMMEMI—the international project on the comparison of modelling methods for electromagnetic induction [J]. Journal of Applied Geophysics, 37: 133-271.

Zyserman F I, Santos J E. 2000. Parallel finite element algorithm with domain decomposition for three-dimensional magnetotelluric modelling [J]. Journal of Applied Geophysics, 44: 337-351.

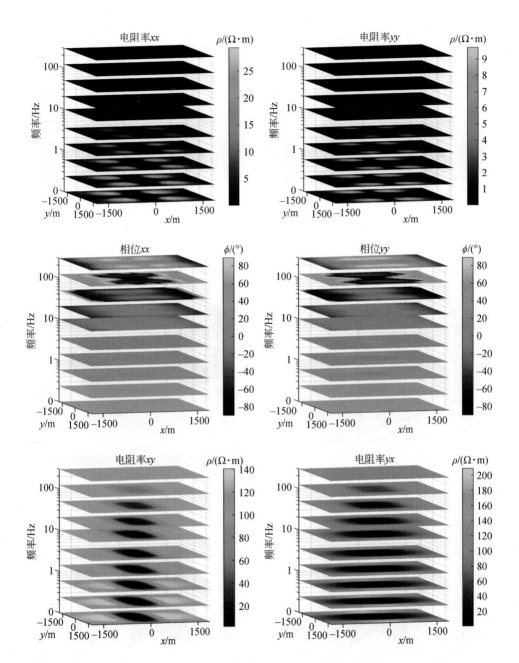

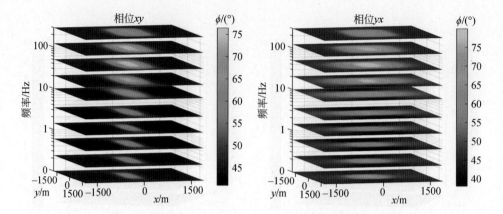

图 3.14    不同频率的视电阻率和相位切片图

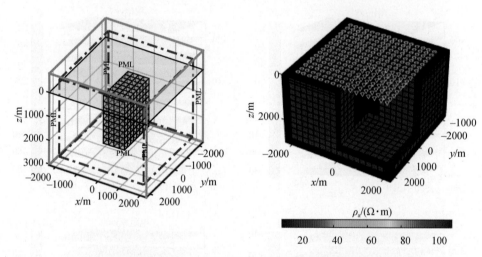

图 4.2    COMMEMI-3D 模式示意图(含 PML)

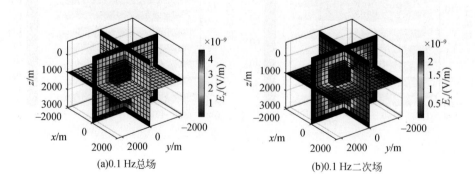

(a)0.1 Hz总场          (b)0.1 Hz二次场

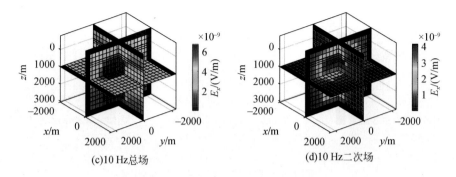

(c)10 Hz总场　　　　　　　　(d)10 Hz二次场

图4.5　PML 截断的模拟区域内的总场和二次场电场 $E_x$ 分布图

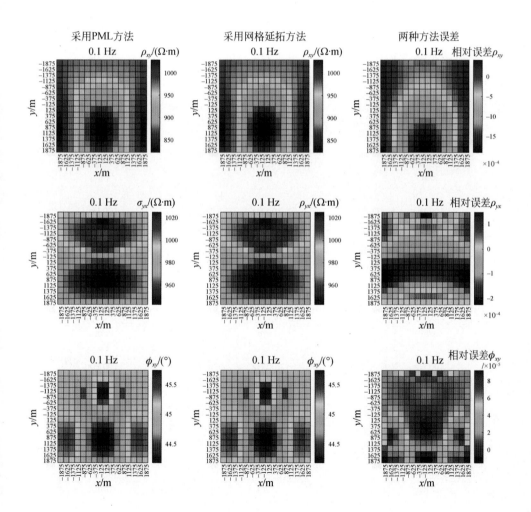

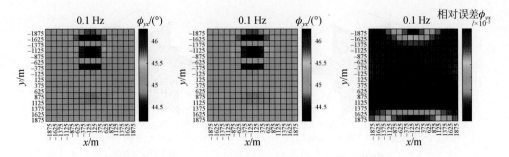

图 4.8　采用 PML 和网格延拓方法计算的视电阻率

和相位及两种方法的相对误差(0.1 Hz)

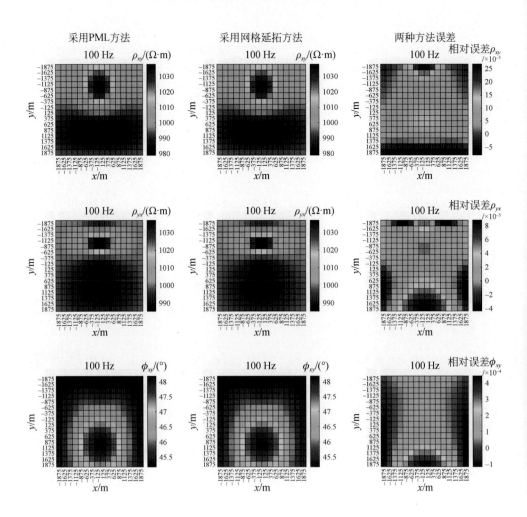

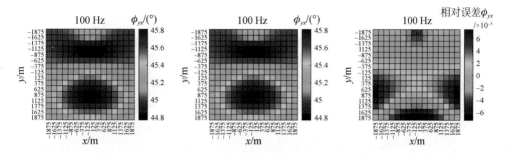

图 4.9　采用 PML 和网格延拓方法计算的视电阻率和
相位及两种方法的相对误差(100 Hz)

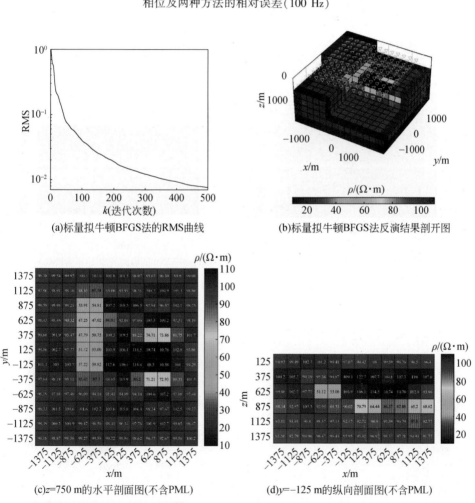

(a)标量拟牛顿BFGS法的RMS曲线

(b)标量拟牛顿BFGS法反演结果剖开图

(c)z=750 m的水平剖面图(不含PML)

(d)y=-125 m的纵向剖面图(不含PML)

图 5.5　标量拟牛顿 BFGS 法反演的 RMS 曲线及反演结果

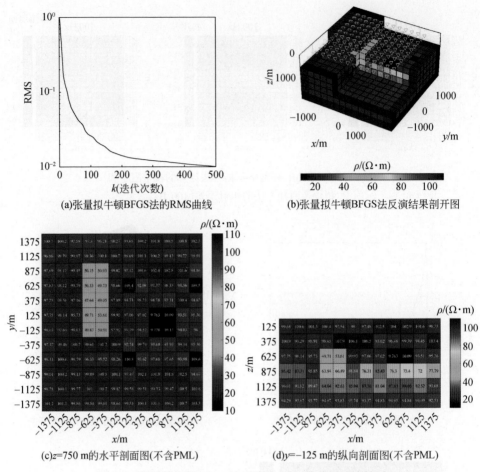

(a)张量拟牛顿BFGS法的RMS曲线

(b)张量拟牛顿BFGS法反演结果剖开图

(c)z=750 m的水平剖面图(不含PML)

(d)y=-125 m的纵向剖面图(不含PML)

图 5.7　张量拟牛顿 BFGS 法反演的 RMS 曲线及反演结果

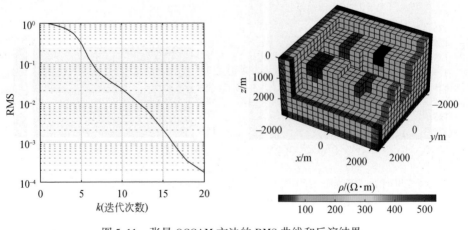

图 5.11　张量 OCCAM 方法的 RMS 曲线和反演结果

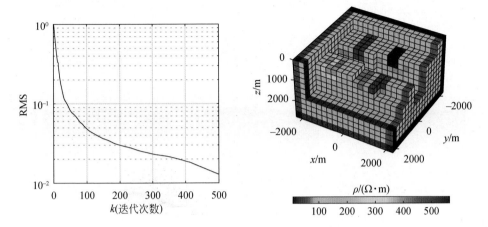

图 5.12 张量拟牛顿 BFGS 法的 RMS 曲线和反演结果

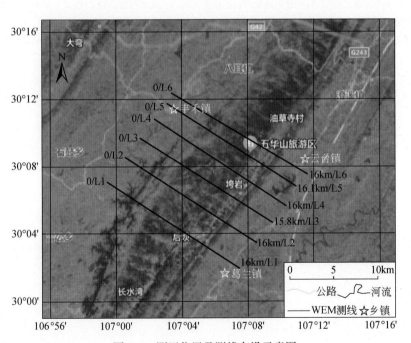

图 6.1 测区位置及测线布设示意图

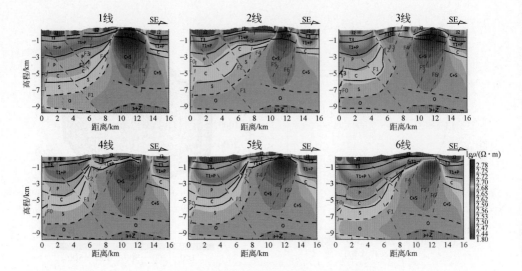

图 6.20　明月峡 3D 反演电阻率及地质解释图

J:侏罗系砂泥岩地层,T:三叠系地层,T₁:三叠系下统,T₃:须家河组砂岩层;P:二叠系地层,岩性主要为灰岩,其中夹杂石膏和泥岩,C:石炭系灰岩层,S:志留系页岩和泥页岩,夹杂煤层,O:奥陶系灰岩和白云岩,夹杂煤层,Z:震旦系地层,白云岩为主。红线为推断断层,黑线为推断的地层界面。